기적의 계산법

초등 5학년

10권

기적의 계산법 · 10권

초판 발행 2021년 12월 20일
초판 8쇄 2024년 7월 31일

지은이 기적학습연구소
발행인 이종원
발행처 길벗스쿨
출판사 등록일 2006년 7월 1일
주소 서울시 마포구 월드컵로 10길 56(서교동)
대표 전화 02)332-0931 | **팩스** 02)333-5409
홈페이지 school.gilbut.co.kr | **이메일** gilbut@gilbut.co.kr

기획 이선정(dinga@gilbut.co.kr) | **편집진행** 홍현경, 이선정
제작 이준호, 손일순, 이진혁 | **영업마케팅** 문세연, 박선경, 박다슬 | **웹마케팅** 박달님, 이재윤, 이지수, 나혜연
영업관리 김명자, 정경화 | **독자지원** 윤정아
디자인 정보라 | **표지 일러스트** 김다예 | **본문 일러스트** 김지하
전산편집 글사랑 | **CTP 출력·인쇄·제본** 예림인쇄

ISBN 979-11-6406-407-6 64410
(길벗 도서번호 10818)

정가 9,000원

독자의 1초를 아껴주는 정성 **길벗출판사**

길벗스쿨 | 국어학습서, 수학학습서, 유아학습서, 어학학습서, 어린이교양서, 교과서 school.gilbut.co.kr
길벗 | IT실용서, IT/일반 수험서, IT전문서, 경제실용서, 취미실용서, 건강실용서, 자녀교육서 www.gilbut.co.kr
더퀘스트 | 인문교양서, 비즈니스서
길벗이지톡 | 어학단행본, 어학수험서

아이가 주인공인 책

아이는 스스로 생각하고 성장합니다.
아이를 존중하고 가능성을 믿을 때
새로운 문제들을 스스로 해결해 나갈 수 있습니다.

<기적의 학습서>는 아이가 주인공인 책입니다.
탄탄한 실력을 만드는 체계적인 학습법으로
아이의 공부 자신감을 높여줍니다.

가능성과 꿈을 응원해 주세요.
아이가 주인공인 분위기를 만들어 주고,
작은 노력과 땀방울에 큰 박수를 보내 주세요.
<기적의 학습서>가 자녀교육에 힘이 되겠습니다.

나만의 학습 기록표

책상 위에, 냉장고에, 어디든 내 손이 닿는 곳에 붙여 두세요.

매일매일 공부하면서 걸린 시간과 맞은 개수를 기록하면

어제보다, 지난주보다, 지난달보다 한 뼘 자란 내 실력을 알 수 있어요.

 길벗스쿨

균 시간 : 1분 50초		B	평균 시간 : 3분 40초	
시간	맞은 개수		걸린 시간	맞은 개수
초	/12		분 초	/12
초	/12		분 초	/12
초	/12		분 초	/12
초	/12		분 초	/12
초	/12		분 초	/12

균 시간 : 1분 50초		B	평균 시간 : 3분 10초	
시간	맞은 개수		걸린 시간	맞은 개수
초	/12		분 초	/12
초	/12		분 초	/12
초	/12		분 초	/12
초	/12		분 초	/12
초	/12		분 초	/12

균 시간 : 1분 40초		B	평균 시간 : 3분 40초	
시간	맞은 개수		걸린 시간	맞은 개수
초	/12		분 초	/12
초	/12		분 초	/12
초	/12		분 초	/12
초	/12		분 초	/12
초	/12		분 초	/12

균 시간 : 2분 10초		B	평균 시간 : 3분 30초	
시간	맞은 개수		걸린 시간	맞은 개수
초	/10		분 초	/8
초	/10		분 초	/8
초	/10		분 초	/8
초	/10		분 초	/8
초	/10		분 초	/8

균 시간 : 4분 30초		B	평균 시간 : 4분 10초	
시간	맞은 개수		걸린 시간	맞은 개수
초	/16		분 초	/16
초	/16		분 초	/16
초	/16		분 초	/16
초	/16		분 초	/16
초	/16		분 초	/16

96단계	공부한 날짜	A	평균 시간 : 1분 50초		B	평균 시간 : 2분 20초	
			걸린 시간	맞은 개수		걸린 시간	맞은 개수
1일차	/		분 초	/16		분 초	/16
2일차	/		분 초	/16		분 초	/16
3일차	/		분 초	/16		분 초	/16
4일차	/		분 초	/16		분 초	/16
5일차	/		분 초	/16		분 초	/16

97단계	공부한 날짜	A	평균 시간 : 4분 10초		B	평균 시간 : 3분 30초	
			걸린 시간	맞은 개수		걸린 시간	맞은 개수
1일차	/		분 초	/14		분 초	/8
2일차	/		분 초	/14		분 초	/8
3일차	/		분 초	/14		분 초	/8
4일차	/		분 초	/14		분 초	/8
5일차	/		분 초	/14		분 초	/8

98단계	공부한 날짜	A	평균 시간 : 4분 40초		B	평균 시간 : 4분 30초	
			걸린 시간	맞은 개수		걸린 시간	맞은 개수
1일차	/		분 초	/12		분 초	/9
2일차	/		분 초	/12		분 초	/9
3일차	/		분 초	/12		분 초	/9
4일차	/		분 초	/12		분 초	/9
5일차	/		분 초	/12		분 초	/9

99단계	공부한 날짜	A	평균 시간 : 5분 10초		B	평균 시간 : 5분 20초	
			걸린 시간	맞은 개수		걸린 시간	맞은 개수
1일차	/		분 초	/12		분 초	/9
2일차	/		분 초	/12		분 초	/9
3일차	/		분 초	/12		분 초	/9
4일차	/		분 초	/12		분 초	/9
5일차	/		분 초	/12		분 초	/9

100단계	공부한 날짜	A	걸린 시간	맞은 개수	B	걸린 시간	맞은 개수
1일차	/		분 초	/5		분 초	/10
2일차	/		분 초	/5		분 초	/10
3일차	/		분 초	/4		분 초	/10
4일차	/		분 초	/4		분 초	/10
5일차	/		분 초	/10		분 초	/3

※100단계는 매일 다른 내용으로 공부해요. 시간을 재는 것보다 방정식에 익숙해지는 연습을 하세요.

이름

의 학습 다짐

기적의 계산법을 언제 어떻게 공부할지
스스로 약속하고 실천해요!

1 나는 하루에
기적의 계산법 장을 풀 거야.

얼마나?

내가 지킬 수 있는 공부량을 스스로 정해보세요. 하루에 한 장을
풀면 좋지만, 빨리 책 한 권을 끝내고 싶다면 2장씩 풀어도 좋아요.

2 나는 매일

언제?

에 공부할 거야.

아침 먹고 학교 가기 전이나 저녁 먹은 후에 해도 좋고, 학원 가기
전도 좋아요. 되도록 같은 시간에, 스스로 정한 양을 풀어 보세요.

3 딴짓은 No!
연산에만 딱 집중할 거야.

과자 먹으면서? No! 엄마와 얘기하면서? No!
한 장을 집중해서 풀면 30분도 안 걸려요. 책상에 바르게 앉아
오늘 풀어야 할 목표량을 해치우세요.

4 문제 하나하나 바르게 풀 거야.

느리더라도 자신의 속도대로 정확하게 푸는 것이 중요해요.
처음부터 암산하지 말고, 자연스럽게 암산이 가능할 때까지
훈련하면 문제를 푸는 시간은 저절로 줄어들어요.

91단계	공부한 날짜	A	푼 걸린
1일차	/		분
2일차	/		분
3일차	/		분
4일차	/		분
5일차	/		분

92단계	공부한 날짜	A	푼 걸린
1일차	/		분
2일차	/		분
3일차	/		분
4일차	/		분
5일차	/		분

93단계	공부한 날짜	A	푼 걸린
1일차	/		분
2일차	/		분
3일차	/		분
4일차	/		분
5일차	/		분

94단계	공부한 날짜	A	푼 걸린
1일차	/		분
2일차	/		분
3일차	/		분
4일차	/		분
5일차	/		분

95단계	공부한 날짜	A	푼 걸린
1일차	/		분
2일차	/		분
3일차	/		분
4일차	/		분
5일차	/		분

연산, 왜 해야 하나요?

"계산은 계산기가 하면 되지,
 다 아는데 이 지겨운 걸 계속 풀어야 해?"
아이들은 자주 이렇게 말해요. 연산 훈련, 꼭 시켜야 할까요?

1. 초등수학의 80%, 연산

초등수학의 5개 영역 중에서 가장 많은 부분을 차지하는 것이 바로 수와 연산입니다. 절반 정도를 차지하고 있어요.

그런데 곰곰이 생각해 보면 도형, 측정 영역에서 길이의 덧셈과 뺄셈, 시간의 합과 차, 도형의 둘레와 넓이처럼

다른 영역의 문제를 풀 때도 마지막에는 연산 과정이 있죠.

이때 연산이 충분히 훈련되지 않으면 문제를 끝까지 해결하기 어려워집니다.

초등학교 수학의 핵심은 연산입니다. 연산을 잘하면 수학이 재미있어지고 점점 자신감이 붙어서 수학을 잘할 수 있어요.

연산 훈련으로 아이의 '수학자신감'을 키워주세요.

2. 아깝게 틀리는 이유, 계산 실수 때문에!
시험 시간이 부족한 이유, 계산이 느려서!

1, 2학년의 연산은 눈으로도 풀 수 있는 문제가 많아요. 하지만 고학년이 될수록 연산은 점점 복잡해지고,

한 문제를 풀기 위해 거쳐야 하는 연산 횟수도 훨씬 많아집니다. 중간에 한 번만 실수해도 문제를 틀리게 되죠.

아이가 작은 연산 실수로 문제를 틀리는 것만큼 안타까울 때가 또 있을까요?

어려운 글도 잘 이해했고, 식도 잘 세웠는데 아주 작은 실수로 문제를 틀리면 엄마도 속상하고, 아이는 더 속상하죠.

게다가 고학년일수록 수학이 더 어려워지기 때문에 계산하는 데 시간이 오래 걸리면 정작 문제를 풀 시간이 부족하고,

급한 마음에 실수도 종종 생깁니다.

가볍게 생각하고 그대로 방치하면 중·고등학생이 되었을 때 이 부분이 수학 공부에 치명적인 약점이 될 수 있어요.

공부할 내용은 늘고 시험 시간은 줄어드는데, 절차가 많고 복잡한 문제를 해결할 시간까지 모자랄 수 있으니까요.

연산은 쉽더라도 정확하게 푸는 반복 훈련이 꼭 필요해요. 처음 배울 때부터 차근차근 실력을 다져야 합니다.

처음에는 느릴 수 있어요. 이제 막 배운 내용이거나 어려운 연산은 손에 익히는 데까지 시간이 필요하지만,

정확하게 푸는 연습을 꾸준히 하면 문제를 푸는 속도는 자연스럽게 빨라집니다.

꾸준한 반복 학습으로 연산의 '정확성'과 '속도' 두 마리 토끼를 모두 잡으세요.

연산, 이렇게 공부하세요.

연산을 왜 해야 하는지는 알겠는데, 어떻게 시작해야 할지 고민되시나요?
연산 훈련을 위한 다섯 가지 방법을 알려 드릴게요.

1 매일 같은 시간, 같은 양을 학습하세요.

공부 습관을 만들 때는 학습 부담을 줄이고 최소한의 시간으로 작게 목표를 잡아서 지금 할 수 있는 것부터 시작하는 것이 좋습니다. 이때 제격인 것이 바로 연산 훈련입니다. '얼마나 많은 양을 공부하는가'보다 '얼마나 꾸준히 했느냐'가 연산 능력을 키우는 가장 중요한 열쇠거든요.

매일 같은 시간, 하루에 10분씩 가벼운 마음으로 연산 문제를 풀어 보세요. 등교 전이나 하교 후, 저녁 먹은 후에 해도 좋아요. 학교 쉬는 시간에 풀 수 있게 책가방 안에 한 장 쏙 넣어줄 수도 있죠. 중요한 것은 매일, 같은 시간, 같은 양으로 아이만의 공부 루틴을 만드는 것입니다. 메인 학습 전에 워밍업으로 활용하면 짧은 시간 몰입하는 집중력이 강화되어 공부 부스터의 역할을 할 수도 있어요.

아이가 자라고, 점점 공부할 양이 늘어나면 가장 중요한 것이 바로 매일 공부하는 습관을 만드는 일입니다. 어릴 때부터 계획하고 실행하는 습관을 만들면 작은 성취감과 자신감이 쌓이면서 다른 일도 해낼 수 있는 내공이 생겨요.

토독, 한 장씩 가볍게!

한 장과 한 권은 아이가 체감하는 부담이 달라요. 학습량에 대한 부담감이 줄어들면 아이의 공부 습관을 더 쉽게 만들 수 있어요.

2 반복 학습으로 '정확성'부터 '속도'까지 모두 잡아요.

피아노 연주를 배운다고 생각해 보세요. 처음부터 한 곡을 아름답게 연주할 수 있나요? 악보를 읽고, 건반을 하나하나 누르는 게 가능해도 각 음을 박자에 맞춰 정확하고 리듬감 있게 멜로디로 연주하려면 여러 번 반복해서 연습하는 과정이 꼭 필요합니다.

수학도 똑같아요. 개념을 알고 문제를 이해할 수 있어도 계산은 꼭 반복해서 훈련해야 합니다. 수나 식을 계산하는 데 시간이 걸리면 문제를 풀 시간이 모자라게 되고, 어려운 풀이 과정을 다 세워놓고도 마지막 단순 계산에서 실수를 하게 될 수도 있어요. 계산 방법을 몰라서 틀리는 게 아니라 절차 수행이 능숙하지 않아서 오작동을 일으키거나 시간이 오래 걸리는 거랍니다. 꾸준하게 같은 난이도의 문제를 충분히 반복하면 실수가 줄어들고, 점점 빠르게 계산할 수 있어요. 정확성과 속도를 높이는 데 중점을 두고 연산 훈련을 해서 수학의 기초를 튼튼하게 다지세요.

One Day 반복 설계

하루 1장, 2가지 유형
동일 난이도로 5일 반복

×5

3 반복은 아이 성향과 상황에 맞게 조절하세요.

연산 학습에 반복은 꼭 필요하지만, 아이가 지치고 수학을 싫어하게 만들 정도라면 반복하는 루틴을 조절해 보세요. 아이가 충분히 잘 알고 잘하는 주제라면 반복의 양을 줄일 수도 있고, 매일이 너무 바쁘다면 3일은 연산, 2일은 독해로 과목을 다르게 공부할 수도 있어요. 다만 남은 일차는 계산 실수가 잦을 때 다시 풀어보기로 아이와 약속해 두는 것이 좋아요.

아이의 성향과 현재 상황을 잘 살펴서 융통성 있게 반복하는 '내 아이 맞춤 패턴'을 만들어 보세요.

계산법 맞춤 패턴 만들기

1. 단계별로 3일치만 풀기
3일씩만 풀고, 남은 2일치는 시험 대비나 복습용으로 쓰세요.

2. 2단계씩 묶어서 반복하기
1, 2단계를 3일치씩 풀고 다시 1단계로 돌아가 남은 2일치를 풀어요. 교차학습은 지식을 좀더 오래 기억할 수 있도록 하죠.

4 응용 문제를 풀 때 필요한 연산까지 연습하세요.

연산 훈련을 충분히 하더라도 실제로 학교 시험에 나오는 문제를 보면 당황할 수 있어요. 아이들은 문제의 꼴이 조금만 달라져도 지레 겁을 냅니다.

특히 모르는 수를 □로 놓고 식을 세워야 하는 문장제가 학교 시험에 나오면 아이들은 당황하기 시작하죠. 아이 입장에서 기초 연산으로 해결할 수 없는 □ 자체가 낯설고 어떻게 풀어야 할지 고민될 수 있습니다.

이럴 때는 식 4+□=7을 7-4=□로 바꾸는 것에 익숙해지는 연습해 보세요. 학교에서 알려주지 않지만 응용 문제에는 꼭 필요한 □가 있는 식을 훈련하면 연산에서 응용까지 쉽게 연결할 수 있어요. 스스로 세수를 하고 싶지만 세면대가 너무 높은 아이를 위해 작은 계단을 놓아준다고 생각하세요.

초등 방정식 훈련

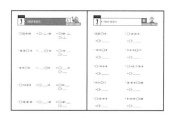

초등학생 눈높이에 맞는 □가 있는 식
바꾸기 훈련으로 한 권을 마무리하세요.
문장제처럼 다양한 연산 활용 문제를
푸는 밑바탕을 만들 수 있어요.

5 아이 스스로 계획하고, 실천해서
자기공부력을 쑥쑥 키워요.

백 명의 아이들은 제각기 백 가지 색깔을 지니고 있어요. 아이가 승부욕이 있다면 시간 재기를, 계획 세우는 것을 좋아한다면 스스로 약속을 할 수 있게 돕는 것도 좋아요. 아이와 많은 이야기를 나누면서 공부가 잘되는 시간, 환경, 동기 부여 방법 등을 살펴보고 주도적으로 실천할 수 있는 분위기를 만드는 것이 중요합니다.

아이 스스로 계획하고 실천하면 오늘 약속한 것을 모두 끝냈다는 작은 성취감을 가질 수 있어요. 자기 공부에 대한 책임감도 생깁니다. 자신만의 공부 스타일을 찾고, 주도적으로 실천해야 자기공부력을 키울 수 있어요.

나만의 학습 기록표

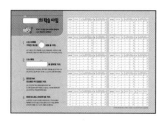

잘 보이는 곳에 붙여놓고 주도적으로
실천해요. 어제보다, 지난주보다,
지난달보다 나아진 실력을 보면서
뿌듯함을 느껴보세요!

권별 학습 구성

〈기적의 계산법〉은 유아 단계부터 초등 6학년까지로 구성된 연산 프로그램 교재입니다.
권별, 단계별 내용을 한눈에 확인하고,
유아부터 초등까지 〈기적의 계산법〉으로 공부하세요.

유아 5~7세

P1권 10까지의 구조적 수 세기

P2권 5까지의 덧셈과 뺄셈

P3권 10보다 작은 덧셈과 뺄셈

P4권 100까지의 구조적 수 세기

P5권 10의 덧셈과 뺄셈

P6권 10보다 큰 덧셈과 뺄셈

초1

1권 자연수의 덧셈과 뺄셈 초급

1단계	수를 가르고 모으기
2단계	합이 9까지인 덧셈
3단계	차가 9까지인 뺄셈
4단계	합과 차가 9까지인 덧셈과 뺄셈 종합
5단계	연이은 덧셈, 뺄셈
6단계	(몇십)+(몇), (몇)+(몇십)
7단계	(몇십몇)+(몇), (몇십몇)-(몇)
8단계	(몇십)+(몇십), (몇십)-(몇십)
9단계	(몇십몇)+(몇십몇), (몇십몇)-(몇십몇)
10단계	1학년 방정식

2권 자연수의 덧셈과 뺄셈 중급

11단계	10을 가르고 모으기, 10의 덧셈과 뺄셈
12단계	연이은 덧셈, 뺄셈
13단계	받아올림이 있는 (몇)+(몇)
14단계	받아내림이 있는 (십몇)-(몇)
15단계	받아올림/받아내림이 있는 덧셈과 뺄셈 종합
16단계	(두 자리 수)+(한 자리 수)
17단계	(두 자리 수)-(한 자리 수)
18단계	두 자리 수와 한 자리 수의 덧셈과 뺄셈 종합
19단계	덧셈과 뺄셈의 혼합 계산
20단계	1학년 방정식

초2

3권 자연수의 덧셈과 뺄셈 중급
구구단 초급

21단계	(두 자리 수)+(두 자리 수)
22단계	(두 자리 수)-(두 자리 수)
23단계	두 자리 수의 덧셈과 뺄셈 종합 ①
24단계	두 자리 수의 덧셈과 뺄셈 종합 ②
25단계	같은 수를 여러 번 더하기
26단계	구구단 2, 5, 3, 4단 ①
27단계	구구단 2, 5, 3, 4단 ②
28단계	구구단 6, 7, 8, 9단 ①
29단계	구구단 6, 7, 8, 9단 ②
30단계	2학년 방정식

4권 구구단 중급
자연수의 덧셈과 뺄셈 고급

31단계	구구단 종합 ①
32단계	구구단 종합 ②
33단계	(세 자리 수)+(세 자리 수) ①
34단계	(세 자리 수)+(세 자리 수) ②
35단계	(세 자리 수)-(세 자리 수) ①
36단계	(세 자리 수)-(세 자리 수) ②
37단계	(세 자리 수)-(세 자리 수) ③
38단계	세 자리 수의 덧셈과 뺄셈 종합 ①
39단계	세 자리 수의 덧셈과 뺄셈 종합 ②
40단계	2학년 방정식

초3

5권 자연수의 곱셈과 나눗셈 초급

41단계 (두 자리 수)×(한 자리 수) ①
42단계 (두 자리 수)×(한 자리 수) ②
43단계 (두 자리 수)×(한 자리 수) ③
44단계 (세 자리 수)×(한 자리 수) ①
45단계 (세 자리 수)×(한 자리 수) ②
46단계 곱셈 종합
47단계 나눗셈 기초
48단계 구구단 범위에서의 나눗셈 ①
49단계 구구단 범위에서의 나눗셈 ②
50단계 3학년 방정식

6권 자연수의 곱셈과 나눗셈 중급

51단계 (몇십)×(몇십), (몇십몇)×(몇십)
52단계 (두 자리 수)×(두 자리 수) ①
53단계 (두 자리 수)×(두 자리 수) ②
54단계 (몇십)÷(몇), (몇백몇십)÷(몇)
55단계 (두 자리 수)÷(한 자리 수) ①
56단계 (두 자리 수)÷(한 자리 수) ②
57단계 (두 자리 수)÷(한 자리 수) ③
58단계 (세 자리 수)÷(한 자리 수) ①
59단계 (세 자리 수)÷(한 자리 수) ②
60단계 3학년 방정식

초4

7권 자연수의 곱셈과 나눗셈 고급

61단계 몇십, 몇백 곱하기
62단계 (세 자리 수)×(몇십)
63단계 (세 자리 수)×(두 자리 수)
64단계 몇십으로 나누기
65단계 (세 자리 수)÷(몇십)
66단계 (두 자리 수)÷(두 자리 수)
67단계 (세 자리 수)÷(두 자리 수) ①
68단계 (세 자리 수)÷(두 자리 수) ②
69단계 곱셈과 나눗셈 종합
70단계 4학년 방정식

8권 분수, 소수의 덧셈과 뺄셈 중급

71단계 대분수를 가분수로, 가분수를 대분수로 나타내기
72단계 분모가 같은 진분수의 덧셈과 뺄셈
73단계 분모가 같은 대분수의 덧셈과 뺄셈
74단계 분모가 같은 분수의 덧셈
75단계 분모가 같은 분수의 뺄셈
76단계 분모가 같은 분수의 덧셈과 뺄셈 종합
77단계 자릿수가 같은 소수의 덧셈과 뺄셈
78단계 자릿수가 다른 소수의 덧셈
79단계 자릿수가 다른 소수의 뺄셈
80단계 4학년 방정식

초5

9권 분수의 덧셈과 뺄셈 고급

81단계 약수와 공약수, 배수와 공배수
82단계 최대공약수와 최소공배수
83단계 공약수와 최대공약수, 공배수와 최소공배수의 관계
84단계 약분
85단계 통분
86단계 분모가 다른 진분수의 덧셈과 뺄셈
87단계 분모가 다른 대분수의 덧셈과 뺄셈 ①
88단계 분모가 다른 대분수의 덧셈과 뺄셈 ②
89단계 분모가 다른 분수의 덧셈과 뺄셈 종합
90단계 5학년 방정식

10권 혼합 계산
분수, 소수의 곱셈 중급

91단계 덧셈과 뺄셈, 곱셈과 나눗셈의 혼합 계산
92단계 덧셈, 뺄셈, 곱셈의 혼합 계산
93단계 덧셈, 뺄셈, 나눗셈의 혼합 계산
94단계 덧셈, 뺄셈, 곱셈, 나눗셈의 혼합 계산
95단계 (분수)×(자연수), (자연수)×(분수)
96단계 (분수)×(분수) ①
97단계 (분수)×(분수) ②
98단계 (소수)×(자연수), (자연수)×(소수)
99단계 (소수)×(소수)
100단계 5학년 방정식

초6

11권 분수, 소수의 나눗셈 중급

101단계 (자연수)÷(자연수), (분수)÷(자연수)
102단계 분수의 나눗셈 ①
103단계 분수의 나눗셈 ②
104단계 분수의 나눗셈 ③
105단계 (소수)÷(자연수)
106단계 몫이 소수인 (자연수)÷(자연수)
107단계 소수의 나눗셈 ①
108단계 소수의 나눗셈 ②
109단계 소수의 나눗셈 ③
110단계 6학년 방정식

12권 비
중등방정식

111단계 비와 비율
112단계 백분율
113단계 비교하는 양, 기준량 구하기
114단계 가장 간단한 자연수의 비로 나타내기
115단계 비례식
116단계 비례배분
117단계 중학교 방정식 ①
118단계 중학교 방정식 ②
119단계 중학교 방정식 ③
120단계 중학교 혼합 계산

· 차례 ·

91단계	덧셈과 뺄셈, 곱셈과 나눗셈의 혼합 계산	9쪽
92단계	덧셈, 뺄셈, 곱셈의 혼합 계산	21쪽
93단계	덧셈, 뺄셈, 나눗셈의 혼합 계산	33쪽
94단계	덧셈, 뺄셈, 곱셈, 나눗셈의 혼합 계산	45쪽
95단계	(분수)×(자연수), (자연수)×(분수)	57쪽
96단계	(분수)×(분수) ①	69쪽
97단계	(분수)×(분수) ②	81쪽
98단계	(소수)×(자연수), (자연수)×(소수)	93쪽
99단계	(소수)×(소수)	105쪽
100단계	5학년 방정식	117쪽

91 단계

덧셈과 뺄셈, 곱셈과 나눗셈의 혼합 계산

▶ 학습계획 : 매일 공부할 날짜를 정하고, 계획에 맞게 공부하세요.

일차	1일차	2일차	3일차	4일차	5일차
날짜	/	/	/	/	/

▶ 학습연계 : 지금 무엇을 배우는지 확인하고, 이전에 배운 단계와 앞으로 배울 단계를 살펴보세요.

이렇게 계산해요!

91 덧셈과 뺄셈, 곱셈과 나눗셈의 혼합 계산

앞에서부터 계산하고, (   )가 있으면 (   ) 안을 먼저 계산해요.

여러 가지 연산 기호가 섞여 있는 식을 계산할 때에는 계산 순서에 맞게 계산하는 것이 중요해요.
계산 순서가 달라지면 계산 결과도 바뀔 수 있으므로 순서를 표시하면서 계산해요.

계산 순서

❶ 덧셈과 뺄셈이 섞여 있는 식에서는 앞에서부터 차례대로 계산해요.
❷ 곱셈과 나눗셈이 섞여 있는 식에서는 앞에서부터 차례대로 계산해요.

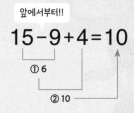

앞에서부터!!
$$15-9+4=10$$
① 6
② 10

앞에서부터!!
$$45÷5×3=27$$
① 9
② 27

❸ (   )가 있는 식에서는 (   ) 안을 먼저 계산해요.

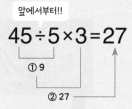

(   ) 안부터!!
$$15-(9+4)=2$$
① 13
② 2

(   ) 안부터!!
$$45÷(5×3)=3$$
① 15
② 3

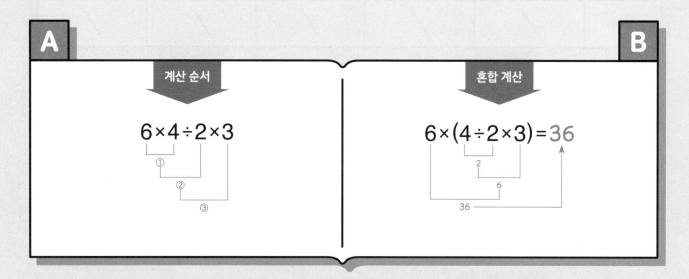

A

계산 순서

$$6×4÷2×3$$
①
②
③

B

혼합 계산

$$6×(4÷2×3)=36$$
2
6
36

덧셈과 뺄셈, 곱셈과 나눗셈의 혼합 계산

A

월   일   /12

★ 계산 순서를 나타내세요.

① 16+8-7
계산하지 말고, 순서만 표시해요.
①
②

② 21-(6+9)

③ 41-17+23

④ 70-(85-63)

⑤ 14+67-48-25

⑥ 50-(11+14)+35

⑦ 18×2÷4

⑧ 32÷(2×4)

⑨ 54÷6×5

⑩ 64÷(16÷4)

⑪ 51÷17×10÷6

⑫ 28÷(28÷4×2)

★ 계산하세요.

① $92 - 25 + 44 = 111$
   67
   111

② $200 - (90 + 50) =$

③ $41 + 19 - 60 =$

④ $100 - (53 - 17) =$

⑤ $276 + 355 - 168 =$

⑥ $54 + 3 - (17 - 8) =$

⑦ $36 \div 6 \times 5 =$

⑧ $12 \times 12 \div 16 =$

⑨ $48 \div (4 \times 3) =$

⑩ $200 \div (20 \div 4) =$

⑪ $72 \times 5 \div 6 =$

⑫ $72 \div (6 \times 2 \div 3) =$

덧셈과 뺄셈, 곱셈과 나눗셈의 혼합 계산

★ 계산 순서를 나타내세요.

① 32 − (8 + 4)

> 계산하지 말고,
> 순서만 표시해요.

⑦ 49 ÷ (7 × 7)

② 73 − 25 + 19

⑧ 144 ÷ 8 × 2

③ 150 + 130 − 160

⑨ 8 × 10 ÷ 4

④ 90 − (54 − 39)

⑩ 100 ÷ 5 ÷ 4

⑤ 85 − 50 − 5 + 25

⑪ 65 ÷ 13 × 9 ÷ 3

⑥ 150 − (10 + 80) − (20 − 10)

⑫ 192 ÷ (12 ÷ 2 × 8)

2 Day

덧셈과 뺄셈, 곱셈과 나눗셈의 혼합 계산

★ 계산하세요.

① $36+80-52=64$

④ $15\times6\div9=$

② $65-(18+17)=$

⑧ $90\div(3\times5)=$

③ $13-7+5=$

⑨ $30\div15\times40=$

④ $300-(80+180)=$

⑩ $250\div(25\div5)=$

⑤ $48-(4+8-6)=$

⑪ $12\times14\div(7\times3)=$

⑥ $133-(33+37)+50=$

⑫ $225\div(5\times9)\div(60\div12)=$

3 **Day** 덧셈과 뺄셈, 곱셈과 나눗셈의 혼합 계산 A

월   일   /12

⭐ 계산 순서를 나타내세요.

① $350-150-2$

계산하지 말고,
순서만 표시해요.

① ②

⑦ $63÷9×5$

② $50-15+40$

⑧ $48÷(6×2)$

③ $26-(12+5)$

⑨ $14×6÷12$

④ $72+98-44$

⑩ $6÷2×6$

⑤ $100-(15+25+35)$

⑪ $39×9÷3$

⑥ $20+47-13-52$

⑫ $400÷(4×4)÷25$

⭐ 계산하세요.

① $15+9-4=20$

  24

    20

⑦ $3 \times 12 \div 6 =$

② $160-(47+107)=$

⑧ $270 \div (6 \times 3) =$

③ $67-(95-90)=$

⑨ $72 \div 8 \times 20 =$

④ $99-(35+56)+22=$

⑩ $35 \times 18 \div (9 \times 5) =$

⑤ $77-34-(91-88)=$

⑪ $108 \div (18 \times 3 \div 9) =$

⑥ $75-(4+9)-(8+6)=$

⑫ $81 \div 3 \div 3 \div 3 =$

4 Day

덧셈과 뺄셈, 곱셈과 나눗셈의 혼합 계산

A

월   일   /12

★ 계산 순서를 나타내세요.

① 200-(54+88)

①
②

계산하지 말고,
순서만 표시해요.

⑦ 7×6÷2

② 37-13-16

⑧ 16÷4×9

③ 58+46-79

⑨ 120÷2÷30

④ 143+(75-47)

⑩ 120÷(5×6)

⑤ 100-(75-50)+25

⑪ 117÷(26×3÷6)

⑥ 400-320-(180-135)

⑫ 24÷8×6÷2

4 Day

덧셈과 뺄셈, 곱셈과 나눗셈의 혼합 계산

B

월   일   /12

★ 계산하세요.

① $8+15-1=22$

② $60-(20+30)=$

③ $119-70+112=$

④ $180-(106-57)=$

⑤ $47-(19-7+15)=$

⑥ $63-54+19-12=$

⑦ $15\times15\div25=$

⑧ $24\div(4\times3)=$

⑨ $93\div3\times7=$

⑩ $49\div(49\div49)=$

⑪ $96\div(84\div21)=$

⑫ $150\div(9\div3)\div25=$

5 **Day** ▷ **덧셈과 뺄셈, 곱셈과 나눗셈의 혼합 계산**

A

월 일 : /12

★ 계산 순서를 나타내세요.

① 24+7-13

    ①   ②

> 계산하지 말고, 순서만 표시해요.

② 44-(17+17)

③ 28-9+15

④ 250+215-65

⑤ 111-(55-33)

⑥ 99-(13+53)+14

⑦ 12×2÷8

⑧ 45÷3×5

⑨ 42÷(2×7)

⑩ 150÷3÷10

⑪ 20÷(16÷4)×6

⑫ 100÷(120÷6÷4)

5 Day

덧셈과 뺄셈, 곱셈과 나눗셈의 혼합 계산

★ 계산하세요.

① $60-(24+17)=19$

⑦ $240 \div 30 \times 9=$

② $122-48+26=$

⑧ $40 \times 12 \div 24=$

③ $80-(35+5)=$

⑨ $44 \div 11 \times 6=$

④ $90+30-50=$

⑩ $80 \div (4 \times 5)=$

⑤ $100-4+7-13=$

⑪ $200 \div (2 \times 5 \times 5)=$

⑥ $65-(21+25)-(49-37)=$

⑫ $768 \div 4 \div 3 \div 8=$

덧셈, 뺄셈, 곱셈의 혼합 계산

92
단계

▶ **학습계획** : 매일 공부할 날짜를 정하고, 계획에 맞게 공부하세요.

일차	1일차	2일차	3일차	4일차	5일차
날짜	/	/	/	/	/

▶ **학습연계** : 지금 무엇을 배우는지 확인하고, 이전에 배운 단계와 앞으로 배울 단계를 살펴보세요.

이렇게 계산해요!

92 덧셈, 뺄셈, 곱셈의 혼합 계산

( )가 있으면 ( ) 안을 먼저, ( )가 없으면 곱셈 먼저!

식이 점점 더 길고 복잡해져요. 그렇지만 계산 순서를 표시하고 차근차근 풀면 어렵지 않을 거예요.
( )가 2개이면 앞에 있는 ( ) 안부터, ( ) 안의 연산이 여러 개이면 계산 순서에 맞게 계산해요.

계산 순서

❶ 덧셈, 뺄셈, 곱셈이 섞여 있는 식에서는 곱셈을 먼저 계산한 다음, 앞에서부터 차례대로 계산해요.

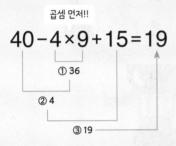

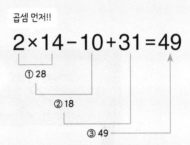

❷ ( )가 있는 식에서는 ( ) 안을 먼저 계산해요.

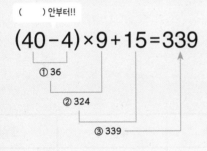

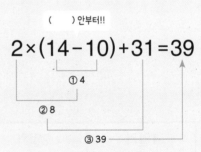

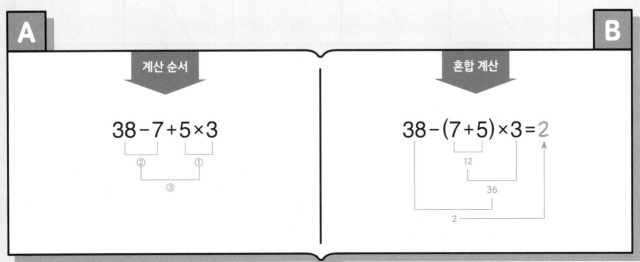

22 기적의 계산법 10권

1
Day

덧셈, 뺄셈, 곱셈의 혼합 계산

A

월   일   /12

★ 계산 순서를 나타내세요.

① 3+7×4-13

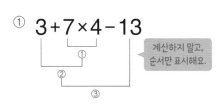

계산하지 말고,
순서만 표시해요.

② 15-4×2

③ 5×2-5+1

④ 30-3×8+8

⑤ 18-10+3×5

⑥ 5×6-7×3

⑦ 3×(6+2)

⑧ 11+2×(16-8)

⑨ 4×(7+5)-20

⑩ 6×12-(21+14)

⑪ 5×(26-11+8)

⑫ 17+(24-16)×3

★ 계산하세요.

① $43 - 9 \times 3 = 16$

⑦ $(18 - 15) \times 3 =$

② $10 \times 5 + 12 =$

⑧ $4 \times (3 + 8 - 2) =$

③ $32 + 7 - 6 \times 4 =$

⑨ $19 + (15 - 7) \times 5 =$

④ $23 - 8 \times 2 + 11 =$

⑩ $5 \times 8 - (17 + 3) =$

⑤ $3 \times 4 - 9 + 25 =$

⑪ $6 \times (4 + 5) - 31 =$

⑥ $13 + 6 \times 8 - 27 =$

⑫ $26 + 3 \times (18 - 9) =$

덧셈, 뺄셈, 곱셈의 혼합 계산

★ 계산 순서를 나타내세요.

① $29-2+4\times6$

    ② ①
      ③

계산하지 말고,
순서만 표시해요.

② $8+2\times5$

③ $32-9\times2+7$

④ $7+8-2\times4$

⑤ $6\times4+9-10$

⑥ $50-3\times6\times2$

⑦ $(20-18)\times5$

⑧ $36-(7+6\times4)$

⑨ $(9-5)\times3+4$

⑩ $(12+6-13)\times7$

⑪ $(28-19)\times4\times8$

⑫ $9\times(16-7)-24$

덧셈, 뺄셈, 곱셈의 혼합 계산

★ 계산하세요.

① $63-7\times5=28$

② $40+30-25\times2=$

③ $12+6\times9-16=$

④ $9\times8-35+17=$

⑤ $33-7\times3+24=$

⑥ $26-18+8\times5=$

⑦ $(4+3)\times8=$

⑧ $7\times(6-3)=$

⑨ $78-(14+6\times6)=$

⑩ $3\times(16-7)\times7=$

⑪ $12\times13-(12+13)=$

⑫ $21+(14-9)\times8=$

★ 계산 순서를 나타내세요.

① 15+6×8-26

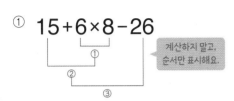

계산하지 말고,
순서만 표시해요.

② 5×7-20

③ 79+53-9×12

④ 9×2×7+27

⑤ 28-19+4×5

⑥ 8×9-25+3

⑦ 9×(17-3)

⑧ (22-6)×7+14

⑨ (16-5+4)×3

⑩ 48×(20-18)+5

⑪ 7×11-(31+9)

⑫ (25-18)×2×5

덧셈, 뺄셈, 곱셈의 혼합 계산

★ 계산하세요.

① $21+2×6=33$

⑦ $7×(25-18)=$

② $5×3-13=$

⑧ $4+(11-6)×7=$

③ $100-20×4+40=$

⑨ $18-(12+2×3)=$

④ $49-2×3×5=$

⑩ $(13-7)×2+11=$

⑤ $36+7-5×6=$

⑪ $52-4×(3+8)=$

⑥ $8×8-23+9=$

⑫ $9×5-(17+24)=$

★ 계산 순서를 나타내세요.

① 6+4×3-2

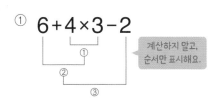

계산하지 말고,
순서만 표시해요.

② 45-8×5

③ 11×4-2+32

④ 9×7-3×6

⑤ 25-18+4×8

⑥ 8×3-7×2+22

⑦ 7×(3+7)

⑧ 7+9×(36-28)

⑨ 12+(18-9)×5

⑩ 4×(24-16+3)

⑪ (35-26)×9×2

⑫ 7×3-(18-15)

★ 계산하세요.

① $8 \times 5 - 14 = 26$

40

26

⑦ $6 \times (3+6) =$

② $9 + 5 \times 5 - 7 =$

⑧ $(12-8) \times 9 =$

③ $100 - 78 + 2 \times 35 =$

⑨ $(64 - 6 \times 4) \times 4 =$

④ $55 - 6 \times 7 + 19 =$

⑩ $2 \times (5-3) + 13 =$

⑤ $7 \times 6 - 28 + 11 =$

⑪ $17 + (22-16) \times 6 =$

⑥ $20 + 31 - 15 \times 2 =$

⑫ $34 + 2 \times (25-19) =$

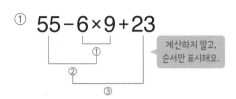
⭐ 계산 순서를 나타내세요.

① 55−6×9+23

계산하지 말고,
순서만 표시해요.

② 16−3×2

③ 8×8−60+36

④ 37−18+4×9

⑤ 5+2×4×8

⑥ 36+5×7−14

⑦ (4+7)×11

⑧ (24−7)×7+7

⑨ (54−5×9)×9

⑩ 3×(26−18)−20

⑪ 8×13−(17+5)

⑫ 3×(14−9)×(4+4)

★ 계산하세요.

① $62-8\times6=14$

② $32+5\times13=$

③ $40-3\times7+21=$

④ $16\times2-20+18=$

⑤ $25\times8+156-149=$

⑥ $5-4+2\times5\times6=$

⑦ $(24-17)\times7=$

⑧ $8\times6-(48-18)=$

⑨ $13\times(9-4)+15=$

⑩ $5\times(18+2-16)=$

⑪ $33+5\times(24-22)=$

⑫ $9\times(20-17)-11=$

93 단계

덧셈, 뺄셈, 나눗셈의 혼합 계산

▶ 학습계획 : 매일 공부할 날짜를 정하고, 계획에 맞게 공부하세요.

일차	1일차	2일차	3일차	4일차	5일차
날짜	/	/	/	/	/

▶ 학습연계 : 지금 무엇을 배우는지 확인하고, 이전에 배운 단계와 앞으로 배울 단계를 살펴보세요.

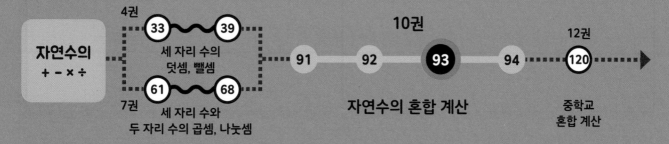

이렇게 계산해요!

93 덧셈, 뺄셈, 나눗셈의 혼합 계산

( )가 있으면 ( ) 안을 먼저, ( )가 없으면 나눗셈 먼저!

계산 순서

❶ 덧셈, 뺄셈, 나눗셈이 섞여 있는 식에서는 나눗셈을 먼저 계산한 다음, 앞에서부터 차례대로 계산해요.

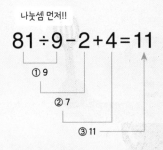

나눗셈 먼저!!
$$81 \div 9 - 2 + 4 = 11$$
① 9
② 7
③ 11

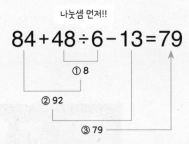

나눗셈 먼저!!
$$84 + 48 \div 6 - 13 = 79$$
① 8
② 92
③ 79

❷ ( )가 있는 식에서는 ( ) 안을 먼저 계산해요.

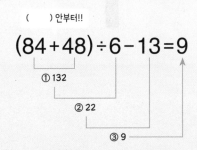

( ) 안부터!!
$$81 \div 9 - (2 + 4) = 3$$
② 9 ① 6
③ 3

( ) 안부터!!
$$(84 + 48) \div 6 - 13 = 9$$
① 132
② 22
③ 9

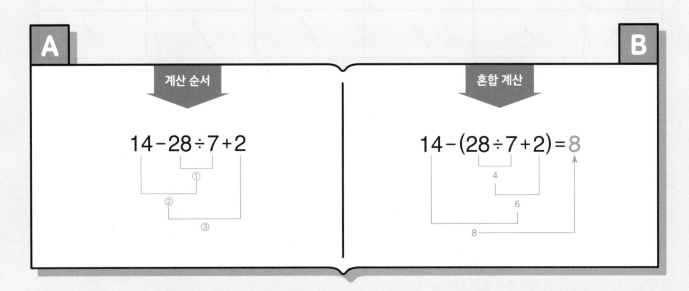

A

계산 순서

$$14 - 28 \div 7 + 2$$
①
②
③

B

혼합 계산

$$14 - (28 \div 7 + 2) = 8$$
4
6
8

1 Day

덧셈, 뺄셈, 나눗셈의 혼합 계산

A

월   일   /12

★ 계산 순서를 나타내세요.

① 15-21÷3+4

계산하지 말고,
순서만 표시해요.

② 23+14÷7

③ 18÷2-5+1

④ 25+9-108÷9

⑤ 36-14+72÷8

⑥ 17-54÷6÷3

⑦ 56÷(4+3)

⑧ (21-3)÷6+2

⑨ 78÷(5+8)-4

⑩ 63÷(11-4+2)

⑪ 18+(32-12)÷5

⑫ 24+49÷(16-9)

★ 계산하세요.

① $37 - 28 \div 4 = 30$

   7

  30

② $6 + 81 \div 9 - 3 =$

③ $24 \div 6 + 3 - 7 =$

④ $58 - 64 \div 8 \div 2 =$

⑤ $81 - 34 + 54 \div 6 =$

⑥ $26 \div 2 + 35 \div 7 =$

⑦ $(46 + 4) \div 10 =$

⑧ $10 - (9 + 16) \div 5 =$

⑨ $22 - (8 + 96 \div 32) =$

⑩ $108 \div 12 - (52 - 43) =$

⑪ $5 + 64 \div (21 - 13) =$

⑫ $(42 - 6 + 15) \div 3 =$

2 Day ▸ 덧셈, 뺄셈, 나눗셈의 혼합 계산

A

월   일   /12

★ 계산 순서를 나타내세요.

① 24÷2+4−3

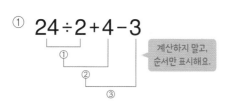

계산하지 말고,
순서만 표시해요.

② 43−20÷5

③ 23−15+28÷4

④ 63÷7+14−3

⑤ 35÷5+48÷8

⑥ 13+27÷3−6

⑦ (18+6)÷2

⑧ 5+(48−12)÷6

⑨ 72÷12−(20−14)

⑩ 49÷(4+3)−5

⑪ 56÷(6+15−13)

⑫ 65−44÷(5+6)

★ 계산하세요.

① $40 \div 8 + 11 = 16$
  └─ 5
   └── 16 ──┘

② $25 \div 5 - 4 + 9 =$

③ $8 + 24 - 30 \div 6 =$

④ $70 \div 5 \div 2 + 10 =$

⑤ $17 + 48 \div 8 - 21 =$

⑥ $45 \div 9 - 32 \div 8 =$

⑦ $60 \div (3 + 7) =$

⑧ $12 - 64 \div (2 + 6) =$

⑨ $18 - (15 + 9) \div 3 =$

⑩ $(48 + 6) \div (12 - 9) =$

⑪ $26 + (29 - 15) \div 7 =$

⑫ $17 + (66 - 48 \div 12) =$

3 Day > 덧셈, 뺄셈, 나눗셈의 혼합 계산

A

★ 계산 순서를 나타내세요.

① $27+11-24 \div 2$

②————①

③————

> 계산하지 말고,
> 순서만 표시해요.

② $30 \div 3-3$

③ $64 \div 4-12+5$

④ $9-42 \div 6+8$

⑤ $52-36+144 \div 9$

⑥ $132 \div 11 \div 4-1$

⑦ $35 \div (10-3)$

⑧ $42 \div (13-10)+16$

⑨ $20+32 \div (4-2)$

⑩ $(48+22) \div (28 \div 4)$

⑪ $(92-34+12) \div 14$

⑫ $(85-13) \div 8 \div 3$

덧셈, 뺄셈, 나눗셈의 혼합 계산

★ 계산하세요.

① $56 \div 7 + 2 = 10$

⑦ $(25 - 13) \div 6 =$

② $28 - 17 + 35 \div 7 =$

⑧ $15 - (44 + 8) \div 4 =$

③ $31 + 55 \div 11 - 29 =$

⑨ $26 + (39 - 15) \div 6 =$

④ $72 \div 6 - 15 \div 5 =$

⑩ $99 \div (1 + 8) - 3 =$

⑤ $81 \div 27 + 5 - 7 =$

⑪ $(47 - 13 + 22) \div 8 =$

⑥ $68 - 33 \div 3 - 24 =$

⑫ $7 + 52 \div (32 - 19) =$

덧셈, 뺄셈, 나눗셈의 혼합 계산

A

월   일   /12

★ 계산 순서를 나타내세요.

① 5+9÷3-3

計산하지 말고,
순서만 표시해요.

② 86÷43+5

③ 5+52÷13-6

④ 36÷9+5-2

⑤ 28+16-84÷6

⑥ 100-90÷5÷3

⑦ (21-3)÷6

⑧ 72÷(36÷12)-16

⑨ (16+30-7)÷13

⑩ 9+(32-8)÷8

⑪ 56÷7-(16-11)

⑫ 83-39÷(4+9)

★ 계산하세요.

① $59 - 46 \div 23 = 57$

　　　　2

　　57

② $63 \div 7 - 4 + 9 =$

③ $49 - 25 + 104 \div 13 =$

④ $17 + 36 \div 12 - 5 =$

⑤ $130 - 125 \div 25 + 8 =$

⑥ $108 \div 9 - 92 \div 23 =$

⑦ $(12 + 23) \div 5 =$

⑧ $10 + 72 \div (15 - 7) =$

⑨ $22 - (14 + 26) \div 8 =$

⑩ $88 \div (4 + 7) - 6 =$

⑪ $(143 - 18) \div (16 + 9) =$

⑫ $31 - (30 \div 10 + 5) =$

5 Day

덧셈, 뺄셈, 나눗셈의 혼합 계산

A

월   일   /12

★ 계산 순서를 나타내세요.

① 77÷7-3+10

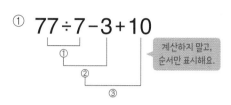

계산하지 말고, 순서만 표시해요.

② 31-52÷13

③ 48÷6+5-8

④ 9+39÷3-7

⑤ 66-72÷4÷6

⑥ 34÷17+36÷9

⑦ 44÷(8+3)

⑧ 4+(31-4)÷3

⑨ 78-(26÷2+10)

⑩ (56+24)÷(64÷8)

⑪ (88-32)÷7+24

⑫ 18+54÷(30-3)

덧셈, 뺄셈, 나눗셈의 혼합 계산

★ 계산하세요.

① $60 \div 10 - 5 = 1$

      6
         1

② $15 - 15 \div 15 + 15 =$

③ $92 \div 4 + 51 - 24 =$

④ $87 - 72 \div 12 \div 3 =$

⑤ $39 + 26 - 63 \div 7 =$

⑥ $65 \div 5 + 72 \div 6 =$

⑦ $(12 + 28) \div 8 =$

⑧ $8 + 93 \div (13 + 18) =$

⑨ $(63 - 21) \div (63 \div 9) =$

⑩ $95 \div (10 \div 2) - 4 =$

⑪ $(100 + 50 - 6) \div 12 =$

⑫ $51 + (66 - 28) \div 19 =$

94 단계

덧셈, 뺄셈, 곱셈, 나눗셈의 혼합 계산

▶ 학습계획 : 매일 공부할 날짜를 정하고, 계획에 맞게 공부하세요.

일차	1일차	2일차	3일차	4일차	5일차
날짜	/	/	/	/	/

▶ 학습연계 : 지금 무엇을 배우는지 확인하고, 이전에 배운 단계와 앞으로 배울 단계를 살펴보세요.

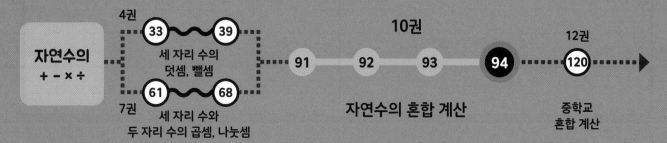

자연수의
+ - × ÷

4권
33 ─ 39
세 자리 수의
덧셈, 뺄셈

7권
61 ─ 68
세 자리 수와
두 자리 수의 곱셈, 나눗셈

10권
91 92 93 **94**

자연수의 혼합 계산

12권
120
중학교
혼합 계산

94 덧셈, 뺄셈, 곱셈, 나눗셈의 혼합 계산

❶ (　　) 안, ❷ ×÷, ❸ +− 순서로 계산해요.

+, −, ×, ÷과 (　　)가 모두 섞여 있는 식을 계산 순서에 맞게 차례대로 계산해요.

계산 순서

❶ (　　) 안을 가장 먼저 계산합니다.

❷ 곱셈과 나눗셈을 앞에서부터 차례대로 계산합니다.

❸ 덧셈과 뺄셈을 앞에서부터 차례대로 계산합니다.

$$7+6×4÷3−5=10$$

① 24
② 8
③ 15
④ 10

$$8+4×(22−24÷3)÷7=16$$

① 8
② 14
③ 56
④ 8
⑤ 16

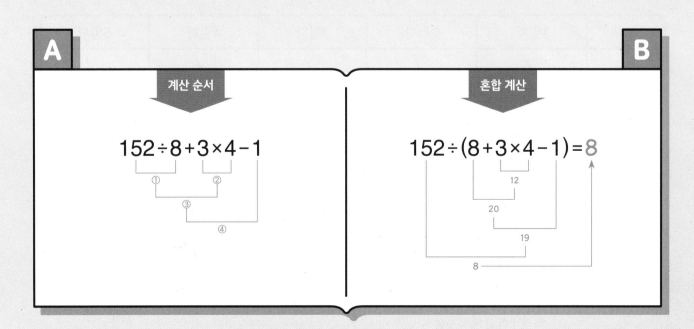

A　　　계산 순서

$$152÷8+3×4−1$$

①　　②
③
④

B　　　혼합 계산

$$152÷(8+3×4−1)=8$$

12
20
19
8

★ 계산 순서를 나타내세요.

① 30÷6+6×2-1

계산하지 말고,
순서만 표시해요.

② 45÷9+15-3×6

③ 36÷6+8×14-75

④ 51-64÷8+9×2

⑤ 15×6-84÷4÷7

⑥ 105÷3-(5+2)×3

⑦ (56-4×7)÷2+16

⑧ (8+12)×(38-18)÷5

⑨ (62+8)÷7-2×3

⑩ (18+5-7)÷4+9×11

★ 계산하세요.

① $10-2\times4+15\div5=5$

            8   3

      2

         5

② $96\div8\times4+2-26=$

③ $12\times6\div9-5+27=$

④ $110\div11+24-4\times3=$

⑤ $(18\div2+4)\times3-9=$

⑥ $92-(3+12)\div3\times8=$

⑦ $(22-4)\div3+6\times6=$

⑧ $15-192\div(5\times20-4)+20=$

2 **Day** 덧셈, 뺄셈, 곱셈, 나눗셈의 혼합 계산 **A**

월 일 /10

★ 계산 순서를 나타내세요.

① 46−8+15×4÷6

③ ① ② ④

계산하지 말고,
순서만 표시해요.

② 3+6×5+64÷16

③ 14×6+128÷8−47

④ 135÷45+28−2×9

⑤ 36−24÷6+5×8

⑥ 97−(57÷3+4×8)

⑦ (8+14)×(42÷7)−90

⑧ (145−121)÷6+14×7

⑨ (140÷7+8)×5−55

⑩ 52+6×(24÷4−2)×13

★ 계산하세요.

① $40 - 25 + 15 \times 3 \div 5 = 24$

⑤ $(25 \times 4 - 56 \div 4) \div 2 =$

② $64 \div 16 + 9 \times 11 - 100 =$

⑥ $(23 - 11) \times (12 - 9) \div 6 =$

③ $12 + 75 \div 25 \times 17 - 32 =$

⑦ $50 - 6 \times (12 - 6) + 8 \div 4 =$

④ $7 \times 14 - 24 - 76 \div 4 =$

⑧ $75 \div 5 - (2 \times 4 + 5) - 2 =$

⭐ 계산 순서를 나타내세요.

① 49−121÷11×4+12

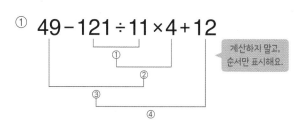

계산하지 말고, 순서만 표시해요.

② 9×3−42÷3+15

③ 96−85÷5+12×3

④ 100÷5−14×9÷21

⑤ 36÷9+9×2−8

⑥ (108÷9−4)+6×7

⑦ (23+13)÷3×8−19

⑧ 12×(81÷9−5)+27

⑨ (17−3)÷7+16×15

⑩ 18+6×(24÷4−2)−10

★ 계산하세요.

① $14 \times 5 + 75 - 49 \div 7 = 138$

$\underbrace{14 \times 5}_{70}$ $\underbrace{49 \div 7}_{7}$

$\underbrace{}_{145}$

$\underbrace{}_{138}$

② $90 \div 10 + 4 \times 13 - 42 =$

③ $68 - 52 \div 4 + 8 \times 7 =$

④ $5 \times 12 - 96 \div 6 \div 4 =$

⑤ $120 - (13 + 22) \times 6 \div 3 =$

⑥ $(25 \times 3 - 84 \div 7) \div 9 =$

⑦ $30 \div (13 - 3 + 5) + 8 \times 4 =$

⑧ $(12 + 21 - 9) \div 8 + 7 \times (1 + 4) =$

덧셈, 뺄셈, 곱셈, 나눗셈의 혼합 계산

⭐ 계산 순서를 나타내세요.

① $32+42 \div 21 \times 3-18$

> 계산하지 말고,
> 순서만 표시해요.

② $26+34-90 \div 18 \times 2$

③ $128-28 \div 4+6 \times 6$

④ $200 \div 40+16-4 \times 3$

⑤ $27 \div 9 \times 5-14+9$

⑥ $(11+4) \div 5 \times 7-13$

⑦ $64-3 \times (6+4) \div 15$

⑧ $55 \div (7+4) \times 8-12$

⑨ $37-36 \div (6+4 \times 3)$

⑩ $144-(108 \div 18+2) \times 5-6$

덧셈, 뺄셈, 곱셈, 나눗셈의 혼합 계산

★ 계산하세요.

① $7 \times 7 - 72 \div 8 + 30 = 70$

    49   9

        40

          70

⑤ $99 \div 3 \times (11 - 9 + 2) =$

② $24 \div 6 + 25 - 9 \times 2 =$

⑥ $(18 + 12) \times 25 \div 5 - 100 =$

③ $67 - 55 \div 5 + 4 \times 8 =$

⑦ $5 + 2 \times 90 - (30 + 50) \div 4 =$

④ $12 \times 3 \div 9 + 27 - 11 =$

⑧ $50 - (25 \div 5 + 10 \times 3) \div 7 =$

덧셈, 뺄셈, 곱셈, 나눗셈의 혼합 계산

A

월   일   /10

⭐ 계산 순서를 나타내세요.

① $5 \times 7 + 7 - 64 \div 16$

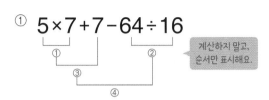

계산하지 말고,
순서만 표시해요.

⑥ $23 + (35 - 17) \div 3 \times 7$

② $63 \div 7 \times 3 - 15 + 8$

⑦ $(5 + 2) \times 9 - 21 \div 7$

③ $125 \div 5 - 8 \times 3 + 9$

⑧ $108 \div (30 - 6 \times 3) + 14$

④ $100 - 35 \div 7 + 9 \times 4$

⑨ $72 \div 8 \times (36 - 8 + 4)$

⑤ $16 \times 23 - 840 \div 3 \div 40$

⑩ $40 + (81 \div 9 - 56 \div 7) \times 2$

5
Day

덧셈, 뺄셈, 곱셈, 나눗셈의 혼합 계산

B

월   일   /8

★ 계산하세요.

① $37 - 84 \div 12 + 7 \times 2 = 44$

7
14
30
44

⑤ $10 \times 10 - 27 \div (2 + 7) =$

② $2 \times 3 \times 8 - 49 \div 7 =$

⑥ $8 \times (63 \div 7 - 3) + 31 =$

③ $19 \times 3 - 144 \div 6 - 29 =$

⑦ $(36 + 12) \div 16 \times 4 - 4 =$

④ $216 \div 8 - 22 + 9 \times 3 =$

⑧ $72 - (4 \times 9 + 32) - 9 \div 3 =$

95
단계

(분수)×(자연수),
(자연수)×(분수)

▶ 학습계획 : 매일 공부할 날짜를 정하고, 계획에 맞게 공부하세요.

일차	1일차	2일차	3일차	4일차	5일차
날짜	/	/	/	/	/

▶ 학습연계 : 지금 무엇을 배우는지 확인하고, 이전에 배운 단계와 앞으로 배울 단계를 살펴보세요.

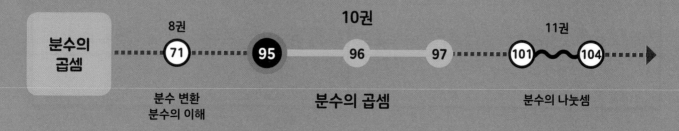

분수의
곱셈

8권
71

10권

95   96   97

11권
101   104

분수 변환
분수의 이해

분수의 곱셈

분수의 나눗셈

분수의 분모는 그대로 두고, 분자와 자연수를 곱해요.

진분수와 자연수의 곱셈

분모는 그대로 쓰고, 분자와 자연수를 곱해서 분자에 씁니다.

이때 분모와 자연수를 약분할 수 있으면 약분한 후, 계산 결과가 가분수이면 대분수로 나타내요.

(분자) × (자연수)
$$\frac{2}{7} \times 3 = \frac{6}{7}$$
분모는 그대로!

$$\frac{3}{4} \times \overset{3}{6} = \frac{9}{2} = 4\frac{1}{2}$$
약분   가분수를 대분수로!

(자연수) × (분자)
$$4 \times \frac{2}{9} = \frac{8}{9}$$
분모는 그대로!

$$\overset{3}{12} \times \frac{5}{8} = \frac{15}{2} = 7\frac{1}{2}$$
약분   가분수를 대분수로!

대분수와 자연수의 곱셈

대분수를 가분수로 나타낸 다음, 진분수와 자연수의 곱셈과 같은 방법으로 계산해요.

$$1\frac{1}{6} \times 15 = \frac{7}{6} \times \overset{5}{15} = \frac{35}{2} = 17\frac{1}{2}$$
대분수를 가분수로!   가분수를 대분수로!

$$4 \times 2\frac{1}{6} = \overset{2}{4} \times \frac{13}{\underset{3}{6}} = \frac{26}{3} = 8\frac{2}{3}$$
대분수를 가분수로!   가분수를 대분수로!

A

(분수)×(자연수)

- $\dfrac{3}{11} \times 2 = \dfrac{6}{11}$

- $2\dfrac{4}{9} \times 3 = \dfrac{22}{\underset{3}{9}} \times \overset{1}{3} = \dfrac{22}{3} = 7\dfrac{1}{3}$

B

(자연수)×(분수)

- $4 \times \dfrac{3}{5} = \dfrac{12}{5} = 2\dfrac{2}{5}$

- $6 \times 1\dfrac{3}{8} = \overset{3}{6} \times \dfrac{11}{\underset{4}{8}} = \dfrac{33}{4} = 8\dfrac{1}{4}$

(분자) × (자연수)

① $\dfrac{1}{8} \times 7 = \dfrac{7}{8}$

분모는 그대로!

② $\dfrac{1}{2} \times 2 =$

약분할 수 있으면 약분해요.

③ $\dfrac{2}{5} \times 4 =$

④ $\dfrac{4}{9} \times 6 =$

⑤ $\dfrac{5}{12} \times 4 =$

⑥ $\dfrac{3}{14} \times 7 =$

⑦ $\dfrac{13}{20} \times 12 =$

⑧ $\dfrac{9}{22} \times 33 =$

⑨ $1\dfrac{1}{3} \times 9 =$

대분수를 가분수로 나타내요.

⑩ $2\dfrac{1}{4} \times 18 =$

⑪ $2\dfrac{5}{6} \times 3 =$

⑫ $9\dfrac{6}{7} \times 2 =$

⑬ $4\dfrac{3}{8} \times 20 =$

⑭ $1\dfrac{7}{10} \times 4 =$

⑮ $1\dfrac{11}{15} \times 5 =$

⑯ $2\dfrac{3}{16} \times 16 =$

① (자연수) × (분자)

$7 \times \dfrac{1}{4} = \dfrac{7}{4} = 1\dfrac{3}{4}$

분모는 그대로!

② $8 \times \dfrac{5}{6} =$

③ $21 \times \dfrac{3}{7} =$

④ $10 \times \dfrac{5}{8} =$

⑤ $3 \times \dfrac{3}{11} =$

⑥ $6 \times \dfrac{8}{15} =$

⑦ $30 \times \dfrac{7}{36} =$

⑧ $56 \times \dfrac{1}{48} =$

⑨ $3 \times 4\dfrac{1}{2} =$

⑩ $5 \times 1\dfrac{2}{3} =$

⑪ $7 \times 1\dfrac{2}{5} =$

⑫ $4 \times 1\dfrac{3}{8} =$

⑬ $42 \times 1\dfrac{1}{9} =$

⑭ $5 \times 3\dfrac{1}{10} =$

⑮ $8 \times 2\dfrac{1}{12} =$

⑯ $15 \times 4\dfrac{9}{20} =$

① (분자) × (자연수)

$\dfrac{1}{2} \times 5 = \dfrac{5}{2} = 2\dfrac{1}{2}$

분모는 그대로!

② $\dfrac{2}{3} \times 12 =$

③ $\dfrac{1}{4} \times 2 =$

④ $\dfrac{2}{5} \times 10 =$

⑤ $\dfrac{6}{7} \times 3 =$

⑥ $\dfrac{2}{9} \times 24 =$

⑦ $\dfrac{13}{25} \times 10 =$

⑧ $\dfrac{37}{60} \times 15 =$

⑨ $2\dfrac{1}{3} \times 15 =$

대분수를 가분수로 나타내요.

⑩ $2\dfrac{3}{4} \times 6 =$

⑪ $1\dfrac{1}{6} \times 4 =$

⑫ $1\dfrac{1}{8} \times 6 =$

⑬ $1\dfrac{5}{9} \times 3 =$

⑭ $2\dfrac{1}{10} \times 15 =$

⑮ $1\dfrac{1}{12} \times 4 =$

⑯ $1\dfrac{5}{28} \times 35 =$

① (자연수) × (분자)

$9 \times \dfrac{1}{2} = \dfrac{9}{2} = 4\dfrac{1}{2}$

분모는 그대로!

② $8 \times \dfrac{3}{16} =$

③ $5 \times \dfrac{1}{5} =$

④ $12 \times \dfrac{3}{8} =$

⑤ $15 \times \dfrac{5}{9} =$

⑥ $5 \times \dfrac{9}{10} =$

⑦ $7 \times \dfrac{2}{21} =$

⑧ $20 \times \dfrac{6}{25} =$

⑨ $7 \times 2\dfrac{1}{3} =$

⑩ $16 \times 2\dfrac{1}{4} =$

⑪ $27 \times 2\dfrac{1}{6} =$

⑫ $5 \times 1\dfrac{3}{7} =$

⑬ $4 \times 3\dfrac{1}{8} =$

⑭ $18 \times 1\dfrac{2}{9} =$

⑮ $30 \times 2\dfrac{1}{20} =$

⑯ $36 \times 1\dfrac{1}{48} =$

① $\dfrac{5}{6} \times 6 =$

약분할 수 있으면 약분해요.

② $\dfrac{4}{7} \times 14 =$

③ $\dfrac{7}{8} \times 28 =$

④ $\dfrac{2}{9} \times 27 =$

⑤ $\dfrac{3}{10} \times 15 =$

⑥ $\dfrac{1}{11} \times 14 =$

⑦ $\dfrac{2}{15} \times 21 =$

⑧ $\dfrac{5}{24} \times 39 =$

⑨ $1\dfrac{2}{3} \times 6 =$

대분수를 가분수로 나타내요.

⑩ $3\dfrac{3}{4} \times 10 =$

⑪ $1\dfrac{1}{5} \times 6 =$

⑫ $1\dfrac{5}{7} \times 4 =$

⑬ $2\dfrac{5}{8} \times 12 =$

⑭ $2\dfrac{1}{12} \times 3 =$

⑮ $2\dfrac{3}{16} \times 72 =$

⑯ $1\dfrac{1}{18} \times 4 =$

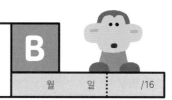
① (자연수) × (분자)

$8 \times \dfrac{1}{3} = \dfrac{8}{3} = 2\dfrac{2}{3}$

분모는 그대로!

② $36 \times \dfrac{3}{4} =$

③ $2 \times \dfrac{3}{8} =$

④ $24 \times \dfrac{5}{9} =$

⑤ $15 \times \dfrac{5}{12} =$

⑥ $4 \times \dfrac{11}{16} =$

⑦ $14 \times \dfrac{7}{20} =$

⑧ $20 \times \dfrac{6}{35} =$

⑨ $3 \times 1\dfrac{1}{2} =$

⑩ $30 \times 1\dfrac{1}{3} =$

⑪ $14 \times 1\dfrac{3}{4} =$

⑫ $5 \times 1\dfrac{2}{5} =$

⑬ $14 \times 1\dfrac{2}{7} =$

⑭ $3 \times 3\dfrac{5}{9} =$

⑮ $18 \times 1\dfrac{7}{12} =$

⑯ $36 \times 1\dfrac{3}{32} =$

① $\dfrac{1}{4} \times 9 = \dfrac{9}{4} = 2\dfrac{1}{4}$

(분자) × (자연수)

분모는 그대로!

② $\dfrac{1}{5} \times 15 =$

③ $\dfrac{5}{6} \times 9 =$

④ $\dfrac{7}{8} \times 14 =$

⑤ $\dfrac{4}{9} \times 15 =$

⑥ $\dfrac{3}{10} \times 45 =$

⑦ $\dfrac{7}{15} \times 12 =$

⑧ $\dfrac{9}{32} \times 8 =$

⑨ $1\dfrac{1}{2} \times 5 =$

대분수를 가분수로 나타내요.

⑩ $3\dfrac{2}{3} \times 9 =$

⑪ $5\dfrac{1}{4} \times 10 =$

⑫ $1\dfrac{3}{5} \times 55 =$

⑬ $1\dfrac{4}{7} \times 35 =$

⑭ $3\dfrac{3}{8} \times 6 =$

⑮ $2\dfrac{2}{9} \times 21 =$

⑯ $1\dfrac{4}{11} \times 4 =$

① (자연수) × (분자)
$$4 \times \frac{4}{5} = \frac{16}{5} = 3\frac{1}{5}$$
분모는 그대로!

② $20 \times \frac{1}{2} =$

③ $49 \times \frac{3}{7} =$

④ $6 \times \frac{8}{9} =$

⑤ $9 \times \frac{14}{15} =$

⑥ $24 \times \frac{9}{20} =$

⑦ $5 \times \frac{12}{25} =$

⑧ $27 \times \frac{5}{36} =$

⑨ $12 \times 2\frac{2}{3} =$

⑩ $2 \times 2\frac{3}{4} =$

⑪ $16 \times 1\frac{1}{6} =$

⑫ $24 \times 2\frac{1}{8} =$

⑬ $3 \times 1\frac{2}{9} =$

⑭ $12 \times 1\frac{5}{42} =$

⑮ $14 \times 1\frac{7}{18} =$

⑯ $56 \times 2\frac{8}{21} =$

(분수)×(자연수), (자연수)×(분수)

① $\dfrac{3}{4} \times 2 =$

↑
약분할 수 있으면 약분해요.

② $\dfrac{1}{6} \times 15 =$

③ $\dfrac{2}{7} \times 6 =$

④ $\dfrac{5}{9} \times 12 =$

⑤ $\dfrac{9}{16} \times 24 =$

⑥ $\dfrac{1}{20} \times 45 =$

⑦ $\dfrac{16}{25} \times 20 =$

⑧ $\dfrac{11}{32} \times 8 =$

⑨ $2\dfrac{1}{2} \times 30 =$

↑
대분수를 가분수로 나타내요.

⑩ $2\dfrac{2}{3} \times 15 =$

⑪ $2\dfrac{4}{5} \times 35 =$

⑫ $5\dfrac{5}{6} \times 10 =$

⑬ $2\dfrac{1}{8} \times 36 =$

⑭ $4\dfrac{9}{10} \times 14 =$

⑮ $1\dfrac{5}{12} \times 28 =$

⑯ $1\dfrac{5}{28} \times 21 =$

① (자연수) × (분자)

$7 \times \dfrac{1}{3} = \dfrac{7}{3} = 2\dfrac{1}{3}$

분모는 그대로!

② $5 \times \dfrac{4}{5} =$

③ $4 \times \dfrac{5}{6} =$

④ $42 \times \dfrac{6}{7} =$

⑤ $3 \times \dfrac{4}{9} =$

⑥ $16 \times \dfrac{3}{14} =$

⑦ $6 \times \dfrac{11}{30} =$

⑧ $9 \times \dfrac{5}{81} =$

⑨ $3 \times 3\dfrac{1}{2} =$

⑩ $14 \times 1\dfrac{1}{4} =$

⑪ $3 \times 1\dfrac{3}{5} =$

⑫ $8 \times 2\dfrac{1}{6} =$

⑬ $4 \times 1\dfrac{7}{8} =$

⑭ $24 \times 1\dfrac{5}{9} =$

⑮ $5 \times 1\dfrac{7}{15} =$

⑯ $15 \times 1\dfrac{31}{60} =$

96
단계

(분수)x(분수) ❶

▶ 학습계획 : 매일 공부할 날짜를 정하고, 계획에 맞게 공부하세요.

일차	1일차	2일차	3일차	4일차	5일차
날짜	/	/	/	/	/

▶ 학습연계 : 지금 무엇을 배우는지 확인하고, 이전에 배운 단계와 앞으로 배울 단계를 살펴보세요.

분수의
곱셈

8권
71
95

10권
96
97

11권
101 104

분수 변환
분수의 이해

분수의 곱셈

분수의 나눗셈

이렇게 계산해요!

96 (분수)×(분수) ❶

분모는 분모끼리, 분자는 분자끼리 곱해요.

진분수끼리의 곱셈

진분수끼리의 곱셈은 분모는 분모끼리, 분자는 분자끼리 곱해요.

이때 분모와 분자를 약분할 수 있으면 약분하여 기약분수로 나타냅니다.

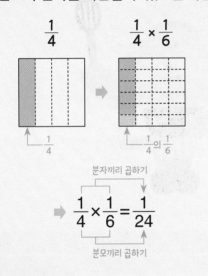

$$\frac{1}{4} \qquad \frac{1}{4} \times \frac{1}{6}$$

$$\frac{1}{4} \times \frac{1}{6} = \frac{1}{24}$$

분자끼리 곱하기

분모끼리 곱하기

$$\frac{3}{4} \qquad \frac{3}{4} \times \frac{5}{6}$$

➡ $\frac{1}{24}$ 이 $3 \times 5 = 15$(개)이므로 $\frac{15}{24} = \frac{5}{8}$

➡ $\frac{3}{4} \times \frac{5}{6} = \frac{5}{8}$ 약분을 먼저 하면 계산이 편리해요!

가분수의 곱셈

진분수끼리의 곱셈과 마찬가지로 분모는 분모끼리, 분자는 분자끼리 곱해요.

가분수는 분자가 크지만, 곱하기 전에 약분을 먼저 하면 수가 작아져서 계산하기 쉬워요.

약분할 때 분자끼리 또는 분모끼리 약분하지 않도록 주의하고, 계산 결과는 대분수로 나타내요.

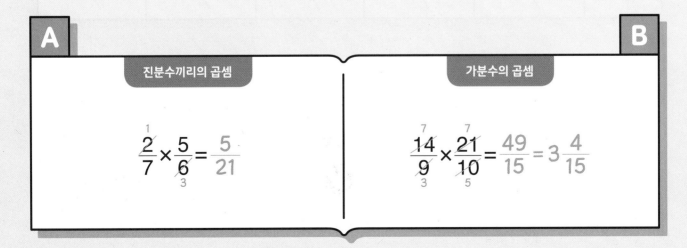

A 진분수끼리의 곱셈

$$\frac{2}{7} \times \frac{5}{6} = \frac{5}{21}$$

B 가분수의 곱셈

$$\frac{14}{9} \times \frac{21}{10} = \frac{49}{15} = 3\frac{4}{15}$$

① 분자끼리 곱하기

$\dfrac{3}{5} \times \dfrac{2}{7} = \dfrac{6}{35}$

분모끼리 곱하기

② $\dfrac{1}{6} \times \dfrac{1}{9} =$

③ $\dfrac{1}{10} \times \dfrac{1}{2} =$

④ $\dfrac{1}{12} \times \dfrac{4}{5} =$

⑤ $\dfrac{9}{10} \times \dfrac{1}{3} =$

⑥ $\dfrac{2}{3} \times \dfrac{3}{4} =$

⑦ $\dfrac{3}{4} \times \dfrac{9}{16} =$

⑧ $\dfrac{4}{5} \times \dfrac{5}{8} =$

⑨ $\dfrac{7}{8} \times \dfrac{5}{7} =$

⑩ $\dfrac{3}{7} \times \dfrac{2}{7} =$

⑪ $\dfrac{2}{9} \times \dfrac{15}{22} =$

⑫ $\dfrac{3}{10} \times \dfrac{5}{9} =$

⑬ $\dfrac{14}{15} \times \dfrac{5}{7} =$

⑭ $\dfrac{7}{16} \times \dfrac{10}{21} =$

⑮ $\dfrac{8}{21} \times \dfrac{3}{4} =$

⑯ $\dfrac{4}{35} \times \dfrac{15}{22} =$

① $\dfrac{11}{2} \times \dfrac{10}{3} =$

약분할 수 있으면 약분해요.

② $\dfrac{8}{3} \times \dfrac{15}{4} =$

③ $\dfrac{7}{4} \times \dfrac{1}{2} =$

④ $\dfrac{6}{5} \times \dfrac{15}{8} =$

⑤ $\dfrac{18}{7} \times \dfrac{1}{9} =$

⑥ $\dfrac{3}{8} \times \dfrac{16}{9} =$

⑦ $\dfrac{5}{9} \times \dfrac{9}{5} =$

⑧ $\dfrac{21}{10} \times \dfrac{20}{9} =$

⑨ $\dfrac{6}{11} \times \dfrac{33}{8} =$

⑩ $\dfrac{49}{12} \times \dfrac{24}{7} =$

⑪ $\dfrac{15}{14} \times \dfrac{12}{5} =$

⑫ $\dfrac{8}{17} \times \dfrac{5}{2} =$

⑬ $\dfrac{7}{18} \times \dfrac{12}{5} =$

⑭ $\dfrac{33}{20} \times \dfrac{10}{9} =$

⑮ $\dfrac{8}{25} \times \dfrac{45}{4} =$

⑯ $\dfrac{245}{12} \times \dfrac{6}{49} =$

① $\dfrac{1}{2} \times \dfrac{1}{2} = \dfrac{1}{4}$

단위분수끼리 곱하면
분자는 항상 1이에요.

② $\dfrac{1}{5} \times \dfrac{1}{10} =$

③ $\dfrac{1}{6} \times \dfrac{1}{7} =$

④ $\dfrac{1}{24} \times \dfrac{8}{15} =$

⑤ $\dfrac{9}{25} \times \dfrac{1}{3} =$

⑥ $\dfrac{2}{3} \times \dfrac{21}{32} =$

⑦ $\dfrac{3}{4} \times \dfrac{8}{15} =$

⑧ $\dfrac{3}{5} \times \dfrac{5}{18} =$

⑨ $\dfrac{6}{7} \times \dfrac{5}{12} =$

⑩ $\dfrac{5}{8} \times \dfrac{5}{8} =$

⑪ $\dfrac{2}{9} \times \dfrac{4}{7} =$

⑫ $\dfrac{7}{12} \times \dfrac{8}{9} =$

⑬ $\dfrac{5}{18} \times \dfrac{3}{20} =$

⑭ $\dfrac{15}{22} \times \dfrac{11}{30} =$

⑮ $\dfrac{14}{27} \times \dfrac{12}{35} =$

⑯ $\dfrac{81}{100} \times \dfrac{4}{9} =$

(분수)×(분수) ❶

① $\dfrac{9}{2} \times \dfrac{1}{12} =$

약분할 수 있으면 약분해요.

② $\dfrac{1}{3} \times \dfrac{17}{3} =$

③ $\dfrac{11}{4} \times \dfrac{8}{3} =$

④ $\dfrac{7}{5} \times \dfrac{7}{5} =$

⑤ $\dfrac{1}{6} \times \dfrac{15}{4} =$

⑥ $\dfrac{9}{7} \times \dfrac{7}{3} =$

⑦ $\dfrac{15}{8} \times \dfrac{12}{5} =$

⑧ $\dfrac{20}{9} \times \dfrac{4}{15} =$

⑨ $\dfrac{49}{10} \times \dfrac{25}{14} =$

⑩ $\dfrac{36}{11} \times \dfrac{2}{27} =$

⑪ $\dfrac{5}{12} \times \dfrac{10}{7} =$

⑫ $\dfrac{6}{13} \times \dfrac{13}{6} =$

⑬ $\dfrac{9}{14} \times \dfrac{28}{25} =$

⑭ $\dfrac{7}{24} \times \dfrac{33}{7} =$

⑮ $\dfrac{54}{25} \times \dfrac{35}{12} =$

⑯ $\dfrac{64}{51} \times \dfrac{17}{16} =$

① $\dfrac{1}{9} \times \dfrac{1}{3} = \dfrac{1}{27}$

단위분수끼리 곱하면 분자는 항상 1이에요.

② $\dfrac{1}{7} \times \dfrac{1}{10} =$

③ $\dfrac{1}{15} \times \dfrac{1}{4} =$

④ $\dfrac{1}{6} \times \dfrac{2}{3} =$

⑤ $\dfrac{28}{31} \times \dfrac{1}{7} =$

⑥ $\dfrac{3}{4} \times \dfrac{3}{4} =$

⑦ $\dfrac{5}{6} \times \dfrac{3}{20} =$

⑧ $\dfrac{3}{8} \times \dfrac{5}{7} =$

⑨ $\dfrac{7}{9} \times \dfrac{6}{7} =$

⑩ $\dfrac{3}{10} \times \dfrac{5}{12} =$

⑪ $\dfrac{2}{11} \times \dfrac{7}{9} =$

⑫ $\dfrac{5}{12} \times \dfrac{3}{35} =$

⑬ $\dfrac{9}{13} \times \dfrac{52}{81} =$

⑭ $\dfrac{15}{16} \times \dfrac{12}{25} =$

⑮ $\dfrac{9}{20} \times \dfrac{9}{10} =$

⑯ $\dfrac{8}{27} \times \dfrac{9}{32} =$

3 Day

(분수)×(분수) ❶

B

월 일 /16

① 분자끼리 곱하기

$$\frac{7}{2} \times \frac{7}{6} = \frac{49}{12} = 4\frac{1}{12}$$

분모끼리 곱하기

② $\dfrac{25}{3} \times \dfrac{18}{5} =$

③ $\dfrac{15}{4} \times \dfrac{5}{3} =$

④ $\dfrac{2}{5} \times \dfrac{15}{4} =$

⑤ $\dfrac{1}{6} \times \dfrac{30}{13} =$

⑥ $\dfrac{8}{7} \times \dfrac{7}{2} =$

⑦ $\dfrac{21}{8} \times \dfrac{32}{3} =$

⑧ $\dfrac{22}{21} \times \dfrac{7}{11} =$

⑨ $\dfrac{1}{10} \times \dfrac{36}{7} =$

⑩ $\dfrac{49}{12} \times \dfrac{1}{4} =$

⑪ $\dfrac{75}{14} \times \dfrac{42}{5} =$

⑫ $\dfrac{11}{15} \times \dfrac{81}{8} =$

⑬ $\dfrac{27}{16} \times \dfrac{8}{3} =$

⑭ $\dfrac{12}{23} \times \dfrac{23}{12} =$

⑮ $\dfrac{64}{27} \times \dfrac{21}{8} =$

⑯ $\dfrac{48}{35} \times \dfrac{15}{16} =$

① $\dfrac{1}{3} \times \dfrac{1}{7} = \dfrac{1}{21}$

> 단위분수끼리 곱하면
> 분자는 항상 1이에요.

② $\dfrac{1}{5} \times \dfrac{1}{4} =$

③ $\dfrac{1}{11} \times \dfrac{1}{2} =$

④ $\dfrac{1}{9} \times \dfrac{6}{25} =$

⑤ $\dfrac{4}{15} \times \dfrac{1}{8} =$

⑥ $\dfrac{3}{4} \times \dfrac{3}{8} =$

⑦ $\dfrac{2}{5} \times \dfrac{7}{10} =$

⑧ $\dfrac{7}{9} \times \dfrac{4}{9} =$

⑨ $\dfrac{9}{10} \times \dfrac{8}{15} =$

⑩ $\dfrac{9}{14} \times \dfrac{7}{24} =$

⑪ $\dfrac{2}{15} \times \dfrac{5}{18} =$

⑫ $\dfrac{9}{16} \times \dfrac{5}{6} =$

⑬ $\dfrac{16}{21} \times \dfrac{3}{4} =$

⑭ $\dfrac{9}{28} \times \dfrac{4}{9} =$

⑮ $\dfrac{15}{32} \times \dfrac{8}{9} =$

⑯ $\dfrac{16}{63} \times \dfrac{14}{27} =$

① $\dfrac{9}{2} \times \dfrac{32}{21} =$

약분할 수 있으면 약분해요.

② $\dfrac{16}{3} \times \dfrac{6}{7} =$

③ $\dfrac{21}{4} \times \dfrac{8}{9} =$

④ $\dfrac{18}{5} \times \dfrac{45}{2} =$

⑤ $\dfrac{7}{6} \times \dfrac{7}{3} =$

⑥ $\dfrac{12}{7} \times \dfrac{28}{9} =$

⑦ $\dfrac{35}{8} \times \dfrac{1}{5} =$

⑧ $\dfrac{10}{9} \times \dfrac{90}{7} =$

⑨ $\dfrac{21}{10} \times \dfrac{7}{12} =$

⑩ $\dfrac{18}{13} \times \dfrac{9}{4} =$

⑪ $\dfrac{9}{14} \times \dfrac{7}{2} =$

⑫ $\dfrac{11}{15} \times \dfrac{15}{11} =$

⑬ $\dfrac{5}{16} \times \dfrac{11}{10} =$

⑭ $\dfrac{27}{20} \times \dfrac{1}{6} =$

⑮ $\dfrac{5}{22} \times \dfrac{121}{10} =$

⑯ $\dfrac{32}{27} \times \dfrac{3}{16} =$

월   일   /16

① $\dfrac{1}{8} \times \dfrac{1}{10} = \dfrac{1}{80}$

단위분수끼리 곱하면 분자는 항상 1이에요.

② $\dfrac{1}{4} \times \dfrac{1}{3} =$

③ $\dfrac{1}{24} \times \dfrac{8}{11} =$

④ $\dfrac{2}{7} \times \dfrac{1}{12} =$

⑤ $\dfrac{2}{3} \times \dfrac{9}{14} =$

⑥ $\dfrac{4}{5} \times \dfrac{10}{13} =$

⑦ $\dfrac{3}{7} \times \dfrac{2}{5} =$

⑧ $\dfrac{4}{9} \times \dfrac{3}{10} =$

⑨ $\dfrac{9}{10} \times \dfrac{25}{27} =$

⑩ $\dfrac{16}{35} \times \dfrac{7}{8} =$

⑪ $\dfrac{7}{20} \times \dfrac{5}{9} =$

⑫ $\dfrac{11}{27} \times \dfrac{6}{7} =$

⑬ $\dfrac{12}{35} \times \dfrac{7}{18} =$

⑭ $\dfrac{24}{49} \times \dfrac{21}{32} =$

⑮ $\dfrac{49}{64} \times \dfrac{40}{63} =$

⑯ $\dfrac{36}{65} \times \dfrac{13}{18} =$

① $\dfrac{3}{2} \times \dfrac{5}{4} = \dfrac{15}{8} = 1\dfrac{7}{8}$
분자끼리 곱하기
분모끼리 곱하기

② $\dfrac{4}{3} \times \dfrac{9}{7} =$

③ $\dfrac{21}{4} \times \dfrac{1}{15} =$

④ $\dfrac{16}{5} \times \dfrac{15}{4} =$

⑤ $\dfrac{9}{4} \times \dfrac{7}{6} =$

⑥ $\dfrac{20}{7} \times \dfrac{14}{15} =$

⑦ $\dfrac{3}{8} \times \dfrac{38}{9} =$

⑧ $\dfrac{1}{9} \times \dfrac{24}{17} =$

⑨ $\dfrac{56}{9} \times \dfrac{9}{32} =$

⑩ $\dfrac{7}{12} \times \dfrac{144}{35} =$

⑪ $\dfrac{2}{15} \times \dfrac{15}{2} =$

⑫ $\dfrac{75}{21} \times \dfrac{42}{5} =$

⑬ $\dfrac{9}{22} \times \dfrac{11}{3} =$

⑭ $\dfrac{81}{25} \times \dfrac{20}{27} =$

⑮ $\dfrac{36}{35} \times \dfrac{55}{32} =$

⑯ $\dfrac{16}{45} \times \dfrac{15}{8} =$

97단계

(분수)X(분수) ❷

▶ 학습계획 : 매일 공부할 날짜를 정하고, 계획에 맞게 공부하세요.

일차	1일차	2일차	3일차	4일차	5일차
날짜	/	/	/	/	/

▶ 학습연계 : 지금 무엇을 배우는지 확인하고, 이전에 배운 단계와 앞으로 배울 단계를 살펴보세요.

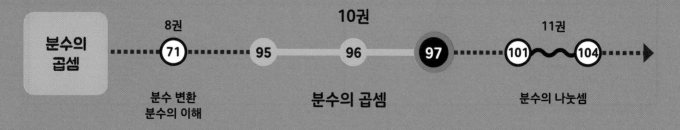

분수의
곱셈

8권
71
95

10권
96
97

11권
101
104

분수 변환
분수의 이해

분수의 곱셈

분수의 나눗셈

97 (분수)×(분수) ❷

대분수를 곱할 때에는 대분수를 가분수로 나타내요.

대분수는 자연수와 진분수로 이루어진 분수이므로 대분수 상태로 곱하거나 약분할 수 없어요.
대분수를 가분수로 나타낸 다음 분모는 분모끼리, 분자는 분자끼리 곱하세요.

대분수를 가분수로!

$$2\frac{2}{3} \times 1\frac{3}{8} = \frac{\overset{1}{8}}{3} \times \frac{11}{\underset{1}{8}} = \frac{11}{3} = 3\frac{2}{3}$$

가분수를 대분수로!

세 분수를 곱할 때에도 분모는 분모끼리, 분자는 분자끼리 곱해요.

세 분수의 곱셈도 분모는 분모끼리, 분자는 분자끼리 곱합니다.

자연수가 있으면 분자와 자연수를 곱해요. (자연수)=$\frac{(자연수)}{1}$라고 생각하는 거죠.

대분수가 있으면 대분수를 가분수로 나타낸 다음 계산하는 것, 잊지 마세요!

$$\frac{5}{9} \times 1\frac{1}{5} \times 2 = \frac{5}{9} \times \frac{6}{5} \times 2 = \frac{5 \times 6 \times 2}{9 \times 5} = \frac{4}{3} = 1\frac{1}{3}$$

A 대분수의 곱셈

$$4\frac{1}{6} \times 1\frac{1}{15} = \frac{\overset{5}{25}}{\underset{3}{6}} \times \frac{\overset{8}{16}}{\underset{3}{15}}$$

$$= \frac{40}{9} = 4\frac{4}{9}$$

B 세 분수의 곱셈

$$\frac{5}{8} \times \frac{4}{9} \times 2\frac{1}{10} = \frac{\overset{1}{5}}{\underset{2}{8}} \times \frac{\overset{1}{4}}{\underset{3}{9}} \times \frac{\overset{7}{21}}{\underset{2}{10}}$$

$$= \frac{7}{12}$$

① $1\dfrac{2}{5} \times \dfrac{9}{14} =$

대분수를 가분수로 나타내요.

② $1\dfrac{1}{6} \times \dfrac{1}{2} =$

③ $9\dfrac{1}{10} \times \dfrac{15}{26} =$

④ $\dfrac{4}{7} \times 1\dfrac{1}{6} =$

⑤ $\dfrac{9}{10} \times 4\dfrac{1}{6} =$

⑥ $\dfrac{7}{11} \times 5\dfrac{1}{2} =$

⑦ $\dfrac{1}{3} \times 2\dfrac{2}{3} =$

⑧ $1\dfrac{1}{2} \times 1\dfrac{1}{3} =$

⑨ $1\dfrac{2}{3} \times 1\dfrac{4}{5} =$

⑩ $6\dfrac{1}{4} \times 2\dfrac{2}{15} =$

⑪ $3\dfrac{3}{7} \times 1\dfrac{5}{6} =$

⑫ $4\dfrac{4}{9} \times 1\dfrac{1}{20} =$

⑬ $1\dfrac{1}{15} \times 1\dfrac{3}{5} =$

⑭ $5\dfrac{5}{16} \times 1\dfrac{3}{17} =$

1 Day (분수)×(분수) ❷

 B

월 일 /8

분자끼리 곱해요.

① $\dfrac{1}{2} \times \dfrac{1}{3} \times \dfrac{1}{5} =$

분모끼리 곱해요.

② $\dfrac{3}{4} \times \dfrac{1}{6} \times \dfrac{4}{7} =$

③ $2\dfrac{3}{5} \times 2\dfrac{1}{4} \times 1\dfrac{1}{3} =$

④ $\dfrac{5}{8} \times 2\dfrac{2}{3} \times 2\dfrac{1}{10} =$

⑤ $1\dfrac{5}{6} \times 2\dfrac{1}{4} \times 10 =$

⑥ $\dfrac{1}{2} \times 4 \times 1\dfrac{1}{3} =$

⑦ $5 \times \dfrac{9}{2} \times \dfrac{4}{3} =$

⑧ $15 \times 1\dfrac{1}{9} \times 2 =$

① $2\dfrac{1}{4} \times \dfrac{5}{12} =$

대분수를 가분수로 나타내요.

② $3\dfrac{1}{5} \times \dfrac{5}{16} =$

③ $2\dfrac{5}{8} \times \dfrac{2}{9} =$

④ $1\dfrac{1}{10} \times \dfrac{1}{2} =$

⑤ $\dfrac{1}{12} \times 2\dfrac{4}{7} =$

⑥ $\dfrac{8}{15} \times 4\dfrac{1}{6} =$

⑦ $\dfrac{11}{16} \times 2\dfrac{2}{11} =$

⑧ $1\dfrac{1}{2} \times 1\dfrac{1}{6} =$

⑨ $2\dfrac{1}{3} \times 1\dfrac{1}{5} =$

⑩ $5\dfrac{5}{6} \times 1\dfrac{2}{7} =$

⑪ $2\dfrac{1}{7} \times 2\dfrac{1}{3} =$

⑫ $1\dfrac{1}{9} \times 4\dfrac{4}{5} =$

⑬ $1\dfrac{10}{11} \times 1\dfrac{2}{9} =$

⑭ $2\dfrac{11}{14} \times 3\dfrac{1}{3} =$

① 분자끼리 곱해요.

$$\boxed{\dfrac{1}{8} \times \dfrac{1}{2} \times \dfrac{1}{5}} =$$

분모끼리 곱해요.

② $\dfrac{9}{16} \times \dfrac{1}{2} \times \dfrac{12}{13} =$

③ $4\dfrac{1}{2} \times \dfrac{4}{9} \times 4\dfrac{5}{7} =$

④ $1\dfrac{1}{5} \times 2\dfrac{1}{7} \times 3\dfrac{1}{2} =$

⑤ $\dfrac{2}{9} \times 6 \times 1\dfrac{2}{3} =$

⑥ $21 \times \dfrac{2}{15} \times 1\dfrac{2}{7} =$

⑦ $1\dfrac{2}{3} \times \dfrac{6}{7} \times 2 =$

⑧ $8 \times \dfrac{1}{24} \times 15 =$

① $7\dfrac{1}{2} \times \dfrac{1}{3} =$

대분수를 가분수로 나타내요.

② $1\dfrac{2}{3} \times \dfrac{2}{15} =$

③ $1\dfrac{5}{9} \times \dfrac{3}{7} =$

④ $\dfrac{3}{4} \times 1\dfrac{1}{5} =$

⑤ $\dfrac{1}{8} \times 1\dfrac{3}{8} =$

⑥ $\dfrac{7}{10} \times 1\dfrac{1}{4} =$

⑦ $\dfrac{5}{12} \times 2\dfrac{2}{5} =$

⑧ $3\dfrac{3}{4} \times 3\dfrac{1}{3} =$

⑨ $3\dfrac{1}{5} \times 3\dfrac{1}{8} =$

⑩ $1\dfrac{7}{15} \times 4\dfrac{1}{6} =$

⑪ $2\dfrac{1}{7} \times 1\dfrac{2}{5} =$

⑫ $1\dfrac{5}{9} \times 4\dfrac{5}{7} =$

⑬ $2\dfrac{1}{10} \times 2\dfrac{1}{2} =$

⑭ $1\dfrac{11}{16} \times 1\dfrac{5}{6} =$

① 분자끼리 곱해요.

$\dfrac{1}{8} \times \dfrac{1}{3} \times \dfrac{1}{4} =$

분모끼리 곱해요.

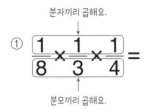

② $\dfrac{2}{7} \times \dfrac{5}{6} \times \dfrac{3}{5} =$

③ $\dfrac{5}{9} \times \dfrac{21}{22} \times 1\dfrac{1}{10} =$

④ $2\dfrac{2}{3} \times 2\dfrac{1}{4} \times 1\dfrac{5}{6} =$

⑤ $10 \times 2\dfrac{1}{2} \times \dfrac{8}{15} =$

⑥ $\dfrac{9}{11} \times 1\dfrac{1}{3} \times 5 =$

⑦ $1\dfrac{2}{5} \times 9 \times 1\dfrac{13}{42} =$

⑧ $4 \times \dfrac{8}{15} \times 7\dfrac{3}{11} =$

① $2\dfrac{1}{2} \times \dfrac{4}{5} =$

대분수를 가분수로 나타내요.

② $6\dfrac{1}{4} \times \dfrac{7}{10} =$

③ $1\dfrac{2}{7} \times \dfrac{1}{4} =$

④ $\dfrac{5}{9} \times 1\dfrac{2}{3} =$

⑤ $\dfrac{3}{10} \times 2\dfrac{1}{12} =$

⑥ $\dfrac{14}{15} \times 2\dfrac{5}{8} =$

⑦ $\dfrac{13}{18} \times 4\dfrac{2}{7} =$

⑧ $4\dfrac{2}{3} \times 1\dfrac{2}{7} =$

⑨ $1\dfrac{1}{5} \times 6\dfrac{2}{3} =$

⑩ $1\dfrac{9}{11} \times 9\dfrac{1}{6} =$

⑪ $1\dfrac{1}{9} \times 1\dfrac{1}{20} =$

⑫ $4\dfrac{1}{12} \times 2\dfrac{2}{21} =$

⑬ $2\dfrac{1}{13} \times 1\dfrac{11}{15} =$

⑭ $1\dfrac{7}{20} \times 3\dfrac{5}{9} =$

4 Day (분수)×(분수)❷

B

월   일   /8

분자끼리 곱해요.

① $\dfrac{1}{5} \times \dfrac{1}{6} \times \dfrac{1}{4} =$

분모끼리 곱해요.

② $\dfrac{6}{7} \times \dfrac{3}{4} \times \dfrac{1}{3} =$

③ $1\dfrac{3}{5} \times \dfrac{7}{12} \times 2\dfrac{1}{2} =$

④ $\dfrac{6}{7} \times 3\dfrac{3}{5} \times 6\dfrac{1}{4} =$

⑤ $3\dfrac{1}{2} \times 3\dfrac{1}{3} \times 5 =$

⑥ $8 \times \dfrac{3}{16} \times \dfrac{1}{9} =$

⑦ $12 \times 3\dfrac{3}{8} \times \dfrac{2}{5} =$

⑧ $\dfrac{1}{2} \times 12 \times \dfrac{1}{4} =$

① $2\dfrac{3}{7} \times \dfrac{5}{6} =$

　　↑
대분수를 가분수로 나타내요.

② $1\dfrac{1}{9} \times \dfrac{3}{20} =$

③ $1\dfrac{1}{12} \times \dfrac{3}{4} =$

④ $\dfrac{3}{5} \times 1\dfrac{1}{5} =$

⑤ $\dfrac{7}{8} \times 2\dfrac{2}{7} =$

⑥ $\dfrac{4}{9} \times 3\dfrac{3}{5} =$

⑦ $\dfrac{25}{28} \times 1\dfrac{19}{30} =$

⑧ $4\dfrac{1}{2} \times 3\dfrac{1}{3} =$

⑨ $2\dfrac{2}{5} \times 1\dfrac{7}{18} =$

⑩ $1\dfrac{5}{6} \times 1\dfrac{1}{4} =$

⑪ $1\dfrac{1}{8} \times 6\dfrac{2}{3} =$

⑫ $6\dfrac{3}{10} \times 1\dfrac{17}{18} =$

⑬ $2\dfrac{1}{12} \times 5\dfrac{2}{5} =$

⑭ $1\dfrac{1}{35} \times 5\dfrac{1}{4} =$

① 분자끼리 곱해요.

$$\dfrac{1}{3} \times \dfrac{1}{8} \times \dfrac{1}{10} =$$

분모끼리 곱해요.

② $\dfrac{3}{4} \times \dfrac{2}{3} \times \dfrac{6}{7} =$

③ $2\dfrac{3}{5} \times 3\dfrac{2}{3} \times \dfrac{5}{26} =$

④ $1\dfrac{1}{2} \times 2\dfrac{4}{5} \times 3\dfrac{2}{3} =$

⑤ $1\dfrac{7}{9} \times 1\dfrac{3}{4} \times 3 =$

⑥ $2\dfrac{1}{3} \times 6 \times 4\dfrac{2}{21} =$

⑦ $8 \times 1\dfrac{3}{4} \times \dfrac{5}{28} =$

⑧ $1\dfrac{9}{11} \times 2 \times 3\dfrac{3}{10} =$

98
단계

(소수)x(자연수), (자연수)x(소수)

▶ 학습계획 : 매일 공부할 날짜를 정하고, 계획에 맞게 공부하세요.

일차	1일차	2일차	3일차	4일차	5일차
날짜	/	/	/	/	/

▶ 학습연계 : 지금 무엇을 배우는지 확인하고, 이전에 배운 단계와 앞으로 배울 단계를 살펴보세요.

소수의 곱셈

7권
61 ~ 63
(세 자리 수)
×(두 자리 수)

10권
98
소수의 곱셈
99

11권
105 ~ 109
소수의 나눗셈

이렇게 계산해요!

98 (소수)×(자연수), (자연수)×(소수)

소수와 자연수의 곱셈은 자연수처럼 계산하고, 소수와 같은 위치에 소수점을 찍어요.

소수의 덧셈과 뺄셈은 소수점을 기준으로 자리를 맞추어 쓰고 계산했어요.
하지만 소수와 자연수의 곱셈은 ❶곱하는 두 수의 오른쪽 끝을 맞추어 쓰고 ❷자연수처럼 생각하여 계산한 다음 ❸곱해지는 소수나 곱하는 소수의 소수점과 같은 위치에 소수점을 찍어요.

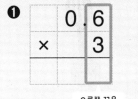 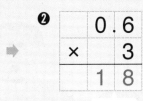 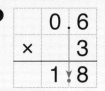

❶ 오른쪽 끝을 맞추어 써요.

❷ 6×3=18

❸ 곱해지는 소수의 소수점과 같은 위치에 소수점을 찍어요.

참고 계산 결과에서 소수점 아래의 마지막 숫자 0은 생략해요.

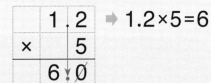

$1.2 \times 5 = 6$

$25 \times 0.42 = 10.5$

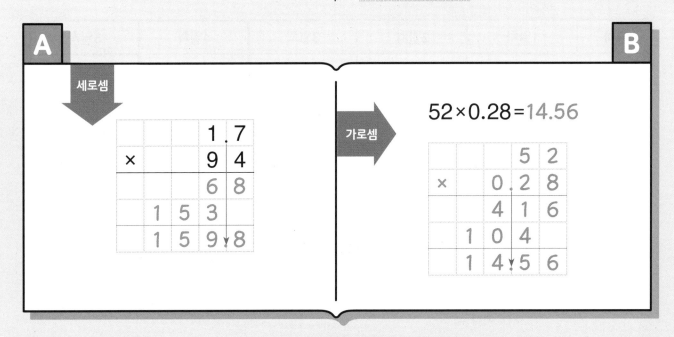

A 세로셈

B 가로셈

$52 \times 0.28 = 14.56$

①
```
      0 . 3
×         7
      2 . 1
```
소수의 소수점과 같은 위치에
소수점을 찍어요.

②
```
      5 . 2
×       1 4
```

③
```
    6 0 0
×     8 . 3
```

④
```
          9
×     2 3 . 7
```

⑤
```
      1 . 2 5
×           4
```

⑥
```
            9
×       0 . 4 8
```

⑦
```
        0 . 8
×         3 0
```

⑧
```
            5
×       9 . 5 6
```

⑨
```
        8 1
×       0 . 2
```

⑩
```
      1 . 8
×       1 4
```

⑪
```
      0 . 0 6
×         2 6
```

⑫
```
        2 4
×       2 . 0 9
```

① 0.2×6=1.2

④ 80×0.09=

⑦ 29×0.45=

② 2.03×47=

⑤ 0.07×8=

⑧ 5×0.3=

③ 6×3.14=

⑥ 4.1×359=

⑨ 15×21.5=

①
```
       0.9
  ×      9
       8.1
```
소수의 소수점과 같은 위치에
소수점을 찍어요.

②
```
       0.5
  ×    1 2
```

③
```
       5 3
  ×    1.4
```

④
```
       2.1 5
  ×    1 6 3
```

⑤
```
       3.6
  ×      4
```

⑥
```
         6
  ×    0.2 8
```

⑦
```
       1 0 0
  ×    0.4 3
```

⑧
```
         2
  ×    7.1 8
```

⑨
```
       6 4
  ×    0.7
```

⑩
```
       0.5 4
  ×      3 8
```

⑪
```
       1.9 1
  ×      2 5
```

⑫
```
       4 9
  ×    4 0.6
```

98단계

4 Day

(소수)×(자연수), (자연수)×(소수)

B

월 일 /9

① 2.3×5=11.5

		2	.	3
×				5
	1	1	.	5

수를 오른쪽 끝에 맞추어 써요.

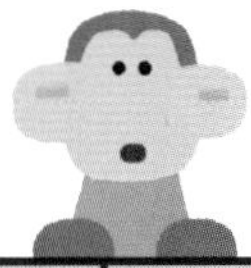

④ 0.82×13=

⑦ 43×3.6=

② 9×0.6=

⑤ 7.24×5=

⑧ 307×0.58=

③ 0.3×419=

⑥ 6×3.92=

⑨ 25×20.5=

①
```
      5 . 1 8
  ×         6
  3 1 . 0 8
```
소수의 소수점과 같은 위치에
소수점을 찍어요.

②
```
  ×     0 . 3 8
            3
```

③
```
        0 . 7
  ×     5   8
```

④
```
            9
  ×   1 9 . 2
```

⑤
```
        6   4
  ×     0 . 9
```

⑥
```
        0 . 9
  ×     2   7
```

⑦
```
        3 . 6
  ×     1   1
```

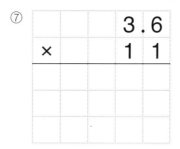

⑧
```
        2 . 6
  ×   4 4   9
```

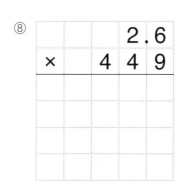

⑨
```
      0 . 0 5
  ×         5
```

⑩
```
        1   2
  ×     7 . 3
```

⑪
```
        1   8
  ×   0 . 8 4
```

⑫
```
        9   2
  ×   6 . 0 6
```

① 0.7×3=2.1

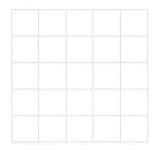

④ 27×1.5=

⑦ 28×0.75=

② 49×0.8=

⑤ 5.78×4=

⑧ 0.04×500=

③ 2.5×167=

⑥ 90×5.95=

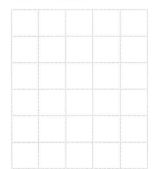

⑨ 67×11.3=

99 단계

(소수)×(소수)

▶ 학습계획 : 매일 공부할 날짜를 정하고, 계획에 맞게 공부하세요.

일차	1일차	2일차	3일차	4일차	5일차
날짜	/	/	/	/	/

▶ 학습연계 : 지금 무엇을 배우는지 확인하고, 이전에 배운 단계와 앞으로 배울 단계를 살펴보세요.

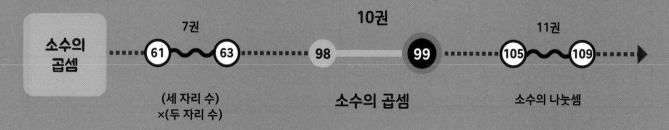

소수의 곱셈

7권
61 — 63
(세 자리 수)
×(두 자리 수)

10권
98 — 99
소수의 곱셈

11권
105 — 109
소수의 나눗셈

99 (소수)×(소수)

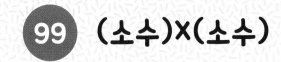

곱의 소수점 위치는 곱하는 두 소수의 소수점 아래 자릿수의 합에 맞추어 찍어요.

소수끼리의 곱셈도 자연수의 곱셈과 같이 계산한 다음 곱에 소수점을 찍어요.

곱의 소수점을 찍을 때에는 곱하는 두 소수의 소수점 아래 자릿수를 합한 수가 되는 자리에 표시합니다.

이때 소수점 아래의 자릿수가 모자라면 곱의 왼쪽에 0을 더 채워 쓰고 자릿수에 맞추어 소수점을 찍어요.

참고   0.5 × 0.006 = 0.0030

· 소수 네 자리 수가 되도록 0을 더 채워 써요.
· 소수점 아래 마지막 숫자 0은 생략해요.

소수 한 자리 수   소수 세 자리 수   소수 네 자리 수

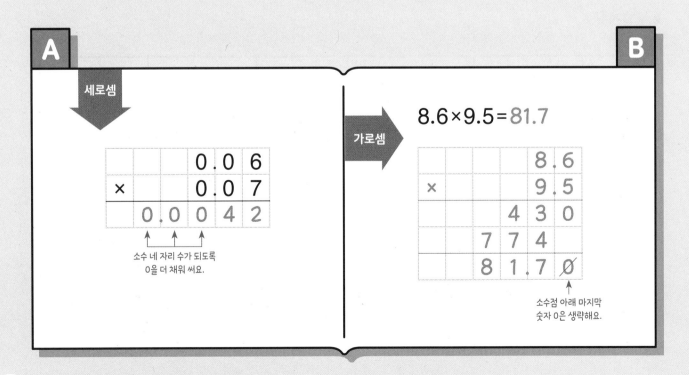

A 세로셈

B 가로셈

$8.6 × 9.5 = 81.7$

(소수)×(소수)

①
```
        0 . 2
  ×     0 . 3
    0 . 0 6
```
↑   ↑
소수 두 자리 수가 되도록
0을 더 채워 써요.

⑤
```
      0 . 9 4
  ×   0 . 0 5
```

⑨
```
      2 . 0 9
  ×       0 . 2
```

②
```
      0 . 0 6
  ×       1 . 9
```

⑥
```
        0 . 7
  ×   0 . 7 9
```

⑩
```
        4 . 6
  ×   0 . 6 5
```

③
```
      5 . 1 7
  ×   0 . 4 9
```

⑦
```
        1 . 4
  ×     2 . 4
```

⑪
```
      0 . 5 8
  ×       0 . 4
```

④
```
        3 . 7
  ×   8 . 0 7
```

⑧
```
      7 . 1 8
  ×   8 5 . 5
```

⑫
```
      6 . 3 9
  ×   4 . 2 7
```

(소수)×(소수)

① 0.03×0.07=

			0 . 0	3
×			0 . 0	7

④ 0.8×0.6=

⑦ 0.23×0.9=

② 1.3×8.1=

⑤ 0.5×0.27=

⑧ 1.82×6.4=

③ 9.5×10.2=

⑥ 6.83×4.62=

⑨ 73.5×6.89=

①
```
        0 . 9
  ×     0 . 8
        0 . 7 2
```
↑
소수 두 자리 수가 되도록
0을 더 채워 써요.

⑤
```
      9 . 1 3
  ×   0 . 0 3
```

⑨
```
      0 . 1 2
  ×     0 . 4
```

②
```
        6 . 4
  ×     0 . 5
```

⑥
```
      0 . 8 7
  ×     9 . 6
```

⑩
```
        2 . 5
  ×     1 . 5
```

③
```
        0 . 6
  ×   0 . 0 7
```

⑦
```
      3 . 8 9
  ×     2 . 6
```

⑪
```
      0 . 3 5
  ×   0 . 6 8
```

④
```
      5 . 0 7
  ×   1 . 0 5
```

⑧
```
        7 . 3
  ×   4 . 5 9
```

⑫
```
      1 3 . 8
  ×   2 5 . 1
```

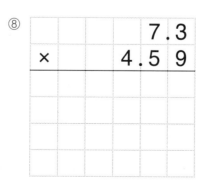

① 0.04×0.2=

		0 .	0	4
×			0 .	2

④ 0.1×0.1=

⑦ 0.5×0.19=

② 0.83×0.97=

⑤ 2.8×5.3=

⑧ 5.77×0.49=

③ 6.18×28.6=

⑥ 0.72×3.05=

⑨ 4.4×1.43=

①
```
        0 . 3
  ×     0 . 7
      0 . 2 1
```
↑
소수 두 자리 수가 되도록
0을 더 채워 써요.

⑤
```
        5 . 5
  ×     0 . 6
```

⑨
```
      0 . 4 5
  ×       0 . 3
```

②
```
      0 . 0 4
  ×   0 . 0 8
```

⑥
```
        6 . 4
  ×     7 . 9
```

⑩
```
      7 . 0 8
  ×     0 . 4 3
```

③
```
      2 . 7 1
  ×       1 . 8
```

⑦
```
        0 . 6
  ×   0 . 9 1
```

⑪
```
        4 . 8
  ×   0 . 8 5
```

④
```
        8 . 2
  ×   4 . 6 2
```

⑧
```
      3 . 4 5
  ×   1 . 2 9
```

⑫
```
      0 . 3 9
  ×   5 2 . 4
```

① 0.5×0.05=

			0.	5
×		0.	0	5

④ 0.17×0.3=

⑦ 0.2×0.9=

② 0.34×0.29=

⑤ 9.5×0.57=

⑧ 3.2×8.4=

③ 7.38×16.6=

⑥ 4.8×2.73=

⑨ 5.09×1.14=

(소수)×(소수)

A

①
```
        0.2
×       0.8
        0.1 6
```
↑
소수 두 자리 수가 되도록
0을 더 채워 써요.

⑤
```
        8.1
×       0.3
```

⑨
```
        0.4
×      0.0 1
```

②
```
        5.5
×       1.3
```

⑥
```
      0.6 9
×       9.7
```

⑩
```
      2.3 4
×     0.9 3
```

③
```
        1.6
×     6.0 3
```

⑦
```
      0.0 9
×       0.7
```

⑪
```
      0.7 5
×     0.0 2
```

④
```
      7.4 4
×     5 3.6
```

⑧
```
        2.9
×     4.5 9
```

⑫
```
      8.1 7
×     7.6 4
```

① 0.5×0.8=

				0 . 5
×				0 . 8

④ 0.03×0.03=

⑦ 0.44×0.1=

② 0.7×0.56=

⑤ 0.94×5.6=

⑧ 8.7×2.1=

③ 4.62×29.3=

⑥ 1.2×1.34=

⑨ 6.55×7.59=

①
```
      0.0 6
  ×     0.5
  0.0 3 0̸
```
곱의 소수점 아래 마지막
숫자 0은 생략해요.

⑤
```
      0.7
  ×   0.7
```

⑨
```
    4.5 8
  ×   0.4
```

②
```
      0.3
  × 0.2 3
```

⑥
```
    7.1 4
  ×   8.4
```

⑩
```
      3.6
  ×   5.5
```

③
```
    9.9 9
  ×   9.9
```

⑦
```
    0.1 4
  × 0.1 9
```

⑪
```
        0.5
  ×   2 0.2
```

④
```
    8 2.4
  × 1 3.3
```

⑧
```
      2.8
  × 6.2 7
```

⑫
```
    5.0 7
  × 4.8 1
```

① 0.9×0.3=

				0 . 9
×				0 . 3

④ 0.56×0.8=

⑦ 0.04×0.05=

② 0.2×0.28=

⑤ 8.3×8.6=

⑧ 0.73×6.4=

③ 2.17×94.6=

⑥ 1.34×5.68=

⑨ 4.5×3.92=

5학년 방정식

이 단계에서는 덧셈, 뺄셈, 곱셈, 나눗셈이 섞여 있는 혼합 계산식에서 모르는 어떤 수 □를 구하는 방정식 문제를 풀어요.

혼합 계산에서 주의해야 하는 점은 계산 순서입니다. 혼합 계산식에서 먼저 계산할 수 있는 것을 계산하여 간단한 식으로 만든 후 앞에서 배웠던 수직선, 무당벌레 그림을 이용하여 □를 구해요.

일차	학습내용		날짜
1일차	□가 있는 혼합 계산식	$□ + 3 \times 4 = 20$에서 $□ = ?$	/
2일차	□가 있는 혼합 계산식	$□ + 7 \times 3 = 47$에서 $□ = ?$	/
3일차	□가 있는 혼합 계산식	$□ + 5 - 3 = 6$에서 $□ = ?$	/
4일차	□가 있는 혼합 계산식	$□ \times 2 \div 3 = 6$에서 $□ = ?$	/
5일차	□가 있는 혼합 계산식의 활용		/

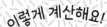

100 5학년 방정식

혼합 계산식에서 모르는 어떤 수를 구하려면 식을 먼저 간단하게 정리해요.
식을 간단하게 만드는 방법으로 '먼저 계산 전략'과 '덩어리 계산 전략'이 있습니다.

먼저 계산 전략: 먼저 계산할 수 있는 것부터 하자!

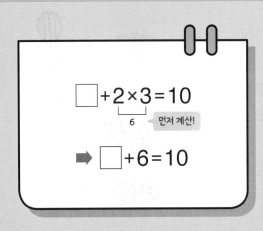

① 먼저 계산해야 하는 부분을 계산하여 식을 간단하게 만들어요. 덧셈과 곱셈이 섞여 있는 식이므로 곱셈을 먼저 계산합니다.

$$\square+2\times3=10 \Rightarrow \square+6=10$$

② 간단하게 만든 식이 덧셈식이나 뺄셈식이면 수직선을 그려서 □를 구하는 식을 만들고 □를 구합니다.

$$\square+6=10, \square=10-6, \square=4$$

덩어리 계산 전략: 먼저 계산해야 하는 식에 □가 있으면 묶어서 한 덩어리로 생각해요!

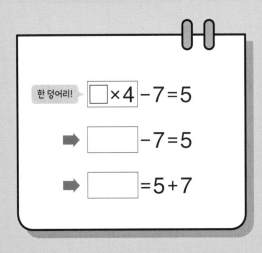

① 먼저 계산해야 하는 부분에 □가 있으면 그 부분을 묶어서 한 덩어리로 생각하고 다른 부분을 먼저 계산하여 식을 간단하게 만들어요.

$$\boxed{\square\times4}-7=5 \Rightarrow \boxed{}-7=5, \boxed{}=5+7, \boxed{}=12$$

② 한 덩어리로 묶은 ☐☐☐의 값을 이용하여 □를 구해요. ☐☐☐ 안의 식이 곱셈식이나 나눗셈식이면 무당벌레 그림을 그려서 □를 구하는 식을 만들고 □를 구합니다.

$$\boxed{}=12 \Rightarrow \square\times4=12 \Rightarrow \square=12\div4$$
$$\square=3$$

5학년 방정식

① ▢ + ③×④ = 20 ➡ ▢ + _12_ = 20 ➡ ▢ = 20 − _12_

먼저 계산!

▢ = _8_

② ⑯−⑨ + ▢ = 12 ➡ ____ + ▢ = 12 ➡ ▢ = 12 − ____

▢ = ____

③ ⑨×④ ÷ ▢ = 6 ➡ ____ ÷ ▢ = 6 ➡ ▢ = ____ ÷ 6

▢ = ____

④ ▢ − ⑭÷② = 8 ➡ ▢ − ____ = 8 ➡ ▢ = 8 + ____

▢ = ____

⑤ ▢ × ②+③ = 40 ➡ ▢ × ____ = 40 ➡ ▢ = 40 ÷ ____

▢ = ____

① (5+8)−☐=6

먼저 계산!

➡ ☐ = _____

② 12÷6×☐=8

➡ ☐ = _____

③ ☐−10÷2=9

➡ ☐ = _____

④ 6×3−☐=7

➡ ☐ = _____

⑤ ☐÷(3+4)=5

➡ ☐ = _____

⑥ ☐÷(4×2)=3

➡ ☐ = _____

⑦ 3×4−5+☐=11

➡ ☐ = _____

⑧ ☐÷(12−7+3)=4

➡ ☐ = _____

⑨ (9−4)×5+☐=33

➡ ☐ = _____

⑩ 6×(3+5)−☐=38

➡ ☐ = _____

① □+⟨7×3⟩=47   ➡   □+ _21_ =47   ➡   □=47− _21_

먼저 계산!

□= _26_

② ⟨15+3⟩÷□=2   ➡   ____÷□=2   ➡   □=____÷2

□=____

③ □−⟨21÷3⟩=15   ➡   □−____=15   ➡   □=15+____

□=____

④ ⟨24÷3⟩×□=48   ➡   ____×□=48   ➡   □=48÷____

□=____

⑤ □÷⟨17−8⟩=6   ➡   □÷____=6   ➡   □=6×____

□=____

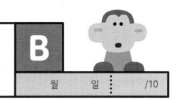

① (15−8)+□=26

먼저 계산!

➡ □ = _____

② 14×6÷□=12

➡ □ = _____

③ □÷(64÷8)=12

➡ □ = _____

④ □+4×7=36

➡ □ = _____

⑤ □×(32−28)=48

➡ □ = _____

⑥ 216÷6÷□=3

➡ □ = _____

⑦ □+7×4−16=30

➡ □ = _____

⑧ 32−4×5+□=34

➡ □ = _____

⑨ □−4×(8+4)=22

➡ □ = _____

⑩ (62−27+12)×□=282

➡ □ = _____

한 덩어리로 생각!

① $\square + 5 - 3 = 6$ ➡ $\boxed{\square + 5} - 3 = 6$ ➡ $\square + 5 = \underline{9}$

$\boxed{\square + 5} = 6 + \underline{3}$ $\square = \underline{9} - 5$

$= \underline{9}$ $= \underline{4}$

② $7 - \square + 5 = 10$ ➡ $7 - \boxed{\square} + 5 = 10$ ➡ $7 - \square = \underline{}$

$7 - \boxed{\square} = 10 - \underline{}$ $\square = 7 - \underline{}$

$= \underline{}$ $= \underline{}$

③ $11 - (\square - 4) = 8$ ➡ $11 - (\boxed{\square - 4}) = 8$ ➡ $\square - 4 = \underline{}$

$\boxed{\square - 4} = \underline{} - 8$ $\square = \underline{} + 4$

$= \underline{}$ $= \underline{}$

④ $(\square + 3) \times 5 = 35$ ➡ $(\boxed{\square + 3}) \times 5 = 35$ ➡ $\square + 3 = \underline{}$

$\boxed{\square + 3} = 35 \div \underline{}$ $\square = \underline{} - 3$

$= \underline{}$ $= \underline{}$

한 덩어리로 생각!

① $\square - 8 + 4 = 7$

➡ $\square = \underline{\hphantom{00000}}$

② $20 - \square - 7 = 4$

➡ $\square = \underline{\hphantom{00000}}$

③ $13 - (2 + \square) = 6$

➡ $\square = \underline{\hphantom{00000}}$

④ $(6 - \square) \times 8 = 32$

➡ $\square = \underline{\hphantom{00000}}$

⑤ $48 \div (\square + 3) = 6$

➡ $\square = \underline{\hphantom{00000}}$

⑥ $(\square - 4) \div 5 = 7$

➡ $\square = \underline{\hphantom{00000}}$

⑦ $15 + 4 \times \square + 6 = 33$

➡ $\square = \underline{\hphantom{00000}}$

⑧ $18 \div 2 - \square + 5 = 11$

➡ $\square = \underline{\hphantom{00000}}$

⑨ $7 \times 7 - (9 + \square) = 34$

➡ $\square = \underline{\hphantom{00000}}$

⑩ $60 \div 5 - (14 - \square) = 5$

➡ $\square = \underline{\hphantom{00000}}$

한 덩어리로 생각!

① $\square \times 2 \div 3 = 6$ ➡ $\boxed{} \times 2 \div 3 = 6$ ➡ $\square \times 2 = \underline{18}$

$\boxed{} \times 2 = 6 \times \underline{3}$ $\square = \underline{18} \div 2$

$= \underline{18}$ $= \underline{9}$

② $42 \div \square \times 5 = 35$ ➡ $42 \div \boxed{} \times 5 = 35$ ➡ $42 \div \square = \underline{}$

$42 \div \boxed{} = 35 \div \underline{}$ $\square = 42 \div \underline{}$

$= \underline{}$ $= \underline{}$

③ $54 \div (\square \div 2) = 9$ ➡ $54 \div (\boxed{} \div 2) = 9$ ➡ $\square \div 2 = \underline{}$

$\boxed{} \div 2 = \underline{} \div 9$ $\square = \underline{} \times 2$

$= \underline{}$ $= \underline{}$

④ $\square \times 4 + 8 = 24$ ➡ $\boxed{} \times 4 + 8 = 24$ ➡ $\square \times 4 = \underline{}$

$\boxed{} \times 4 = 24 - \underline{}$ $\square = \underline{} \div 4$

$= \underline{}$ $= \underline{}$

한 덩어리로 생각!

① $\square \div 4 \times 3 = 9$

➡ $\square = \underline{\hspace{3cm}}$

② $10 \times \square \div 8 = 5$

➡ $\square = \underline{\hspace{3cm}}$

③ $\square \times 5 - 4 = 6$

➡ $\square = \underline{\hspace{3cm}}$

④ $\square \times 4 \times 4 = 64$

➡ $\square = \underline{\hspace{3cm}}$

⑤ $72 \div (3 \times \square) = 8$

➡ $\square = \underline{\hspace{3cm}}$

⑥ $\square \times 6 \div 2 = 36$

➡ $\square = \underline{\hspace{3cm}}$

⑦ $(5+3) \times \square - 9 = 7$

➡ $\square = \underline{\hspace{3cm}}$

⑧ $14 - 6 + 2 \times \square = 18$

➡ $\square = \underline{\hspace{3cm}}$

⑨ $\square \div (2+4) - 3 = 6$

➡ $\square = \underline{\hspace{3cm}}$

⑩ $20 + \square \times (12-8) = 32$

➡ $\square = \underline{\hspace{3cm}}$

한 덩어리로 생각!

① $9+12÷\boxed{}=12$

➡ $\boxed{}=$ _____

② $3×9-\boxed{}=23$

➡ $\boxed{}=$ _____

③ $17-\boxed{}+6=18$

➡ $\boxed{}=$ _____

④ $20-(3+\boxed{})=9$

➡ $\boxed{}=$ _____

⑤ $\boxed{}÷9×4=24$

➡ $\boxed{}=$ _____

⑥ $9+\boxed{}×3=27$

➡ $\boxed{}=$ _____

⑦ $56÷(\boxed{}×4)=2$

➡ $\boxed{}=$ _____

⑧ $(11+4)×6-\boxed{}=82$

➡ $\boxed{}=$ _____

⑨ $(13-5)×\boxed{}+17=33$

➡ $\boxed{}=$ _____

⑩ $30÷5-(\boxed{}-7)=3$

➡ $\boxed{}=$ _____

5학년 방정식

① 토리가 **82**쪽짜리 책을 어제까지 **50**쪽 읽었고,
오늘 몇 쪽 읽었더니 **7**쪽이 남았어요.
오늘은 책을 몇 쪽 읽었을까요?

식　　　　82-50-□=7

답　　　　　　　쪽

② 한 봉지에 똑같은 개수씩 들어 있는
젤리 **4**봉지를 남김없이 **8**명에게 똑같이 나누어
주었더니 한 사람이 **6**개씩 가지게 되었어요.
젤리는 한 봉지에 몇 개씩 들어 있었을까요?

식　　　　　　　　　　

답　　　　　　　개

③ **5**와 **4**의 곱에서 어떤 수와 **8**의 합을 빼면 **3**과 같아요.
어떤 수는 얼마일까요?

식　　　　　　　　　　

답　　　　　　　

10권 끝!
11권으로 넘어갈까요?

앗!

본책의 정답과 풀이를 분실하셨나요?
길벗스쿨 홈페이지에 들어오시면 내려받으실 수 있습니다.
https://school.gilbut.co.kr/

기적의 계산법

정답

초등 5학년

10권

정답

10권

엄마표 학습 생활기록부

91 단계

<학습기간>   월   일 ~   월   일

계획 준수	① 매우 잘함	② 잘함	③ 보통	④ 노력 요함
원리 이해	① 매우 잘함	② 잘함	③ 보통	④ 노력 요함
시간 단축	① 매우 잘함	② 잘함	③ 보통	④ 노력 요함
정확성	① 매우 잘함	② 잘함	③ 보통	④ 노력 요함

종합의견

92 단계

<학습기간>   월   일 ~   월   일

계획 준수	① 매우 잘함	② 잘함	③ 보통	④ 노력 요함
원리 이해	① 매우 잘함	② 잘함	③ 보통	④ 노력 요함
시간 단축	① 매우 잘함	② 잘함	③ 보통	④ 노력 요함
정확성	① 매우 잘함	② 잘함	③ 보통	④ 노력 요함

종합의견

93 단계

<학습기간>   월   일 ~   월   일

계획 준수	① 매우 잘함	② 잘함	③ 보통	④ 노력 요함
원리 이해	① 매우 잘함	② 잘함	③ 보통	④ 노력 요함
시간 단축	① 매우 잘함	② 잘함	③ 보통	④ 노력 요함
정확성	① 매우 잘함	② 잘함	③ 보통	④ 노력 요함

종합의견

94 단계

<학습기간>   월   일 ~   월   일

계획 준수	① 매우 잘함	② 잘함	③ 보통	④ 노력 요함
원리 이해	① 매우 잘함	② 잘함	③ 보통	④ 노력 요함
시간 단축	① 매우 잘함	② 잘함	③ 보통	④ 노력 요함
정확성	① 매우 잘함	② 잘함	③ 보통	④ 노력 요함

종합의견

95 단계

<학습기간>   월   일 ~   월   일

계획 준수	① 매우 잘함	② 잘함	③ 보통	④ 노력 요함
원리 이해	① 매우 잘함	② 잘함	③ 보통	④ 노력 요함
시간 단축	① 매우 잘함	② 잘함	③ 보통	④ 노력 요함
정확성	① 매우 잘함	② 잘함	③ 보통	④ 노력 요함

종합의견

엄마가 선생님이 되어 아이의 학업 성취도를 평가해 주세요.

96 단계

<학습기간>　월　일 ~ 　월　일

계획 준수	① 매우 잘함	② 잘함	③ 보통	④ 노력 요함
원리 이해	① 매우 잘함	② 잘함	③ 보통	④ 노력 요함
시간 단축	① 매우 잘함	② 잘함	③ 보통	④ 노력 요함
정확성	① 매우 잘함	② 잘함	③ 보통	④ 노력 요함

종합의견

97 단계

<학습기간>　월　일 ~ 　월　일

계획 준수	① 매우 잘함	② 잘함	③ 보통	④ 노력 요함
원리 이해	① 매우 잘함	② 잘함	③ 보통	④ 노력 요함
시간 단축	① 매우 잘함	② 잘함	③ 보통	④ 노력 요함
정확성	① 매우 잘함	② 잘함	③ 보통	④ 노력 요함

종합의견

98 단계

<학습기간>　월　일 ~ 　월　일

계획 준수	① 매우 잘함	② 잘함	③ 보통	④ 노력 요함
원리 이해	① 매우 잘함	② 잘함	③ 보통	④ 노력 요함
시간 단축	① 매우 잘함	② 잘함	③ 보통	④ 노력 요함
정확성	① 매우 잘함	② 잘함	③ 보통	④ 노력 요함

종합의견

99 단계

<학습기간>　월　일 ~ 　월　일

계획 준수	① 매우 잘함	② 잘함	③ 보통	④ 노력 요함
원리 이해	① 매우 잘함	② 잘함	③ 보통	④ 노력 요함
시간 단축	① 매우 잘함	② 잘함	③ 보통	④ 노력 요함
정확성	① 매우 잘함	② 잘함	③ 보통	④ 노력 요함

종합의견

100 단계

<학습기간>　월　일 ~ 　월　일

계획 준수	① 매우 잘함	② 잘함	③ 보통	④ 노력 요함
원리 이해	① 매우 잘함	② 잘함	③ 보통	④ 노력 요함
시간 단축	① 매우 잘함	② 잘함	③ 보통	④ 노력 요함
정확성	① 매우 잘함	② 잘함	③ 보통	④ 노력 요함

종합의견

91
단계

덧셈과 뺄셈, 곱셈과 나눗셈의 혼합 계산

91단계에서는 괄호가 없을 때와 있을 때의 덧셈과 뺄셈, 곱셈과 나눗셈이 섞여 있는 식의 계산 순서를 익히고 계산 순서에 맞게 계산합니다. 이 단계에서는 계산 순서를 이해하는 것이 중요하므로 A형에서 식에 선으로 계산 순서를 나타내는 형태를 B형에도 적용시켜 계산하는 연습을 합니다.

지도가이드

---

1 Day

11쪽 A

① 16+8−7
② 21−(6+9)
③ 41−17+23
④ 70−(85−63)
⑤ 14+67−48−25
⑥ 50−(11+14)+35

⑦ 18×2÷4
⑧ 32÷(2×4)
⑨ 54÷6×5
⑩ 64÷(16÷4)
⑪ 51÷17×10÷6
⑫ 28÷(28÷4×2)

12쪽 B

① 111
② 60
③ 0
④ 64
⑤ 463
⑥ 48

⑦ 30
⑧ 9
⑨ 4
⑩ 40
⑪ 60
⑫ 18

---

2 Day

13쪽 A

① 32−(8+4)
② 73−25+19
③ 150+130−160
④ 90−(54−39)
⑤ 85−50−5+25
⑥ 150−(10+80)−(20−10)

⑦ 49÷(7×7)
⑧ 144÷8×2
⑨ 8×10÷4
⑩ 100÷5÷4
⑪ 65÷13×9÷3
⑫ 192÷(12÷2×8)

14쪽 B

① 64
② 30
③ 11
④ 40
⑤ 42
⑥ 113

⑦ 10
⑧ 6
⑨ 80
⑩ 50
⑪ 8
⑫ 1

3 Day

15쪽 Ⓐ

① $350-150-2$

② $50-15+40$

③ $26-(12+5)$

④ $72+98-44$

⑤ $100-(15+25+35)$

⑥ $20+47-13-52$

⑦ $63÷9×5$

⑧ $48÷(6×2)$

⑨ $14×6÷12$

⑩ $6÷2×6$

⑪ $39×9÷3$

⑫ $400÷(4×4)÷25$

16쪽 Ⓑ

① 20
② 6
③ 62
④ 30
⑤ 40
⑥ 48
⑦ 6
⑧ 15
⑨ 180
⑩ 14
⑪ 18
⑫ 3

4 Day

17쪽 Ⓐ

① $200-(54+88)$

② $37-13-16$

③ $58+46-79$

④ $143+(75-47)$

⑤ $100-(75-50)+25$

⑥ $400-320-(180-135)$

⑦ $7×6÷2$

⑧ $16÷4×9$

⑨ $120÷2÷30$

⑩ $120÷(5×6)$

⑪ $117÷(26×3÷6)$

⑫ $24÷8×6÷2$

18쪽 Ⓑ

① 22
② 10
③ 161
④ 131
⑤ 20
⑥ 16
⑦ 9
⑧ 2
⑨ 217
⑩ 49
⑪ 24
⑫ 2

5 Day

19쪽 Ⓐ

① $24+7-13$

② $44-(17+17)$

③ $28-9+15$

④ $250+215-65$

⑤ $111-(55-33)$

⑥ $99-(13+53)+14$

⑦ $12×2÷8$

⑧ $45÷3×5$

⑨ $42÷(2×7)$

⑩ $150÷3÷10$

⑪ $20÷(16÷4)×6$

⑫ $100÷(120÷6÷4)$

20쪽 Ⓑ

① 19
② 100
③ 40
④ 70
⑤ 90
⑥ 7
⑦ 72
⑧ 20
⑨ 24
⑩ 4
⑪ 4
⑫ 8

덧셈, 뺄셈, 곱셈의 혼합 계산

92단계에서는 덧셈, 뺄셈, 곱셈이 섞여 있는 식의 계산 순서를 익히고 계산 순서에 맞게 계산합니다. 곱셈을 덧셈과 뺄셈보다 먼저 계산하는 것을 이해하고, 괄호가 있으면 괄호 안을 모든 연산보다 먼저 계산해야 함을 알게 합니다.

지도가이드

1 Day

23쪽 A

① $3+7\times4-13$
② $15-4\times2$
③ $5\times2-5+1$
④ $30-3\times8+8$
⑤ $18-10+3\times5$
⑥ $5\times6-7\times3$

⑦ $3\times(6+2)$
⑧ $11+2\times(16-8)$
⑨ $4\times(7+5)-20$
⑩ $6\times12-(21+14)$
⑪ $5\times(26-11+8)$
⑫ $17+(24-16)\times3$

24쪽 B

① 16
② 62
③ 15
④ 18
⑤ 28
⑥ 34

⑦ 9
⑧ 36
⑨ 59
⑩ 20
⑪ 23
⑫ 53

2 Day

25쪽 A

① $29-2+4\times6$
② $8+2\times5$
③ $32-9\times2+7$
④ $7+8-2\times4$
⑤ $6\times4+9-10$
⑥ $50-3\times6\times2$

⑦ $(20-18)\times5$
⑧ $36-(7+6\times4)$
⑨ $(9-5)\times3+4$
⑩ $(12+6-13)\times7$
⑪ $(28-19)\times4\times8$
⑫ $9\times(16-7)-24$

26쪽 B

① 28
② 20
③ 50
④ 54
⑤ 36
⑥ 48

⑦ 56
⑧ 21
⑨ 28
⑩ 189
⑪ 131
⑫ 61

3 Day

27쪽 Ⓐ

① $15+6\times8-26$

② $5\times7-20$

③ $79+53-9\times12$

④ $9\times2\times7+27$

⑤ $28-19+4\times5$

⑥ $8\times9-25+3$

⑦ $9\times(17-3)$

⑧ $(22-6)\times7+14$

⑨ $(16-5+4)\times3$

⑩ $48\times(20-18)+5$

⑪ $7\times11-(31+9)$

⑫ $(25-18)\times2\times5$

28쪽 Ⓑ

① 33
② 2
③ 60
④ 19
⑤ 13
⑥ 50
⑦ 49
⑧ 39
⑨ 0
⑩ 23
⑪ 8
⑫ 4

4 Day

29쪽 Ⓐ

① $6+4\times3-2$

② $45-8\times5$

③ $11\times4-2+32$

④ $9\times7-3\times6$

⑤ $25-18+4\times8$

⑥ $8\times3-7\times2+22$

⑦ $7\times(3+7)$

⑧ $7+9\times(36-28)$

⑨ $12+(18-9)\times5$

⑩ $4\times(24-16+3)$

⑪ $(35-26)\times9\times2$

⑫ $7\times3-(18-15)$

30쪽 Ⓑ

① 26
② 27
③ 92
④ 32
⑤ 25
⑥ 21
⑦ 54
⑧ 36
⑨ 160
⑩ 17
⑪ 53
⑫ 46

5 Day

31쪽 Ⓐ

① $55-6\times9+23$

② $16-3\times2$

③ $8\times8-60+36$

④ $37-18+4\times9$

⑤ $5+2\times4\times8$

⑥ $36+5\times7-14$

⑦ $(4+7)\times11$

⑧ $(24-7)\times7+7$

⑨ $(54-5\times9)\times9$

⑩ $3\times(26-18)-20$

⑪ $8\times13-(17+5)$

⑫ $3\times(14-9)\times(4+4)$

32쪽 Ⓑ

① 14
② 97
③ 40
④ 30
⑤ 207
⑥ 61
⑦ 49
⑧ 18
⑨ 80
⑩ 20
⑪ 43
⑫ 16

93 단계

덧셈, 뺄셈, 나눗셈의 혼합 계산

93단계에서는 덧셈, 뺄셈, 나눗셈이 섞여 있는 식의 계산 순서를 익히고 계산 순서에 맞게 계산합니다. 나눗셈을 덧셈과 뺄셈보다 계산 순서에서 먼저 계산하는 것을 이해하고, 괄호가 있으면 괄호 안을 모든 연산보다 먼저 계산해야 함을 알게 합니다.

지도가이드

---

1 Day

35쪽 Ⓐ

① 15−21÷3+4

② 23+14÷7

③ 18÷2−5+1

④ 25+9−108÷9

⑤ 36−14+72÷8

⑥ 17−54÷6÷3

⑦ 56÷(4+3)

⑧ (21−3)÷6+2

⑨ 78÷(5+8)−4

⑩ 63÷(11−4+2)

⑪ 18+(32−12)÷5

⑫ 24+49÷(16−9)

36쪽 Ⓑ

① 30
② 12
③ 0
④ 54
⑤ 56
⑥ 18

⑦ 5
⑧ 5
⑨ 11
⑩ 0
⑪ 13
⑫ 17

---

2 Day

37쪽 Ⓐ

① 24÷2+4−3

② 43−20÷5

③ 23−15+28÷4

④ 63÷7+14−3

⑤ 35÷5+48÷8

⑥ 13+27÷3−6

⑦ (18+6)÷2

⑧ 5+(48−12)÷6

⑨ 72÷12−(20−14)

⑩ 49÷(4+3)−5

⑪ 56÷(6+15−13)

⑫ 65−44÷(5+6)

38쪽 Ⓑ

① 16
② 10
③ 27
④ 17
⑤ 2
⑥ 1

⑦ 6
⑧ 4
⑨ 10
⑩ 18
⑪ 28
⑫ 79

---

3 Day

39쪽 A

① $27+11-24÷2$
② $30÷3-3$
③ $64÷4-12+5$
④ $9-42÷6+8$
⑤ $52-36+144÷9$
⑥ $132÷11÷4-1$
⑦ $35÷(10-3)$
⑧ $42÷(13-10)+16$
⑨ $20+32÷(4-2)$
⑩ $(48+22)÷(28÷4)$
⑪ $(92-34+12)÷14$
⑫ $(85-13)÷8÷3$

40쪽 B

① 10 ⑦ 2
② 16 ⑧ 2
③ 7 ⑨ 30
④ 9 ⑩ 8
⑤ 1 ⑪ 7
⑥ 33 ⑫ 11

4 Day

41쪽 A

① $5+9÷3-3$
② $86÷43+5$
③ $5+52÷13-6$
④ $36÷9+5-2$
⑤ $28+16-84÷6$
⑥ $100-90÷5÷3$
⑦ $(21-3)÷6$
⑧ $72÷(36÷12)-16$
⑨ $(16+30-7)÷13$
⑩ $9+(32-8)÷8$
⑪ $56÷7-(16-11)$
⑫ $83-39÷(4+9)$

42쪽 B

① 57 ⑦ 7
② 14 ⑧ 19
③ 32 ⑨ 17
④ 15 ⑩ 2
⑤ 133 ⑪ 5
⑥ 8 ⑫ 23

5 Day

43쪽 A

① $77÷7-3+10$
② $31-52÷13$
③ $48÷6+5-8$
④ $9+39÷3-7$
⑤ $66-72÷4÷6$
⑥ $34÷17+36÷9$
⑦ $44÷(8+3)$
⑧ $4+(31-4)÷3$
⑨ $78-(26÷2+10)$
⑩ $(56+24)÷(64÷8)$
⑪ $(88-32)÷7+24$
⑫ $18+54÷(30-3)$

44쪽 B

① 1 ⑦ 5
② 29 ⑧ 11
③ 50 ⑨ 6
④ 85 ⑩ 15
⑤ 56 ⑪ 12
⑥ 25 ⑫ 53

94
단계

덧셈, 뺄셈, 곱셈, 나눗셈의 혼합 계산

94단계에서는 덧셈, 뺄셈, 곱셈, 나눗셈이 섞여 있는 식의 계산 순서를 익히고 계산 순서에 맞게 계산합니다. 이 단계에서는 계산 순서를 이해하는 것이 중요하므로 식에 선으로 계산 순서를 나타내는 활동을 통해 계산 순서를 잘 이해하고 있는지 점검해 주세요.

지도가이드

1 Day

47쪽 Ⓐ

① $30 \div 6 + 6 \times 2 - 1$

② $45 \div 9 + 15 - 3 \times 6$

③ $36 \div 6 + 8 \times 14 - 75$

④ $51 - 64 \div 8 + 9 \times 2$

⑤ $15 \times 6 - 84 \div 4 \div 7$

⑥ $105 \div 3 - (5 + 2) \times 3$

⑦ $(56 - 4 \times 7) \div 2 + 16$

⑧ $(8 + 12) \times (38 - 18) \div 5$

⑨ $(62 + 8) \div 7 - 2 \times 3$

⑩ $(18 + 5 - 7) \div 4 + 9 \times 11$

48쪽 Ⓑ

① 5 ⑤ 30

② 24 ⑥ 52

③ 30 ⑦ 42

④ 22 ⑧ 33

2 Day

49쪽 Ⓐ

① $46 - 8 + 15 \times 4 \div 6$

② $3 + 6 \times 5 + 64 \div 16$

③ $14 \times 6 + 128 \div 8 - 47$

④ $135 \div 45 + 28 - 2 \times 9$

⑤ $36 - 24 \div 6 + 5 \times 8$

⑥ $97 - (57 \div 3 + 4 \times 8)$

⑦ $(8 + 14) \times (42 \div 7) - 90$

⑧ $(145 - 121) \div 6 + 14 \times 7$

⑨ $(140 \div 7 + 8) \times 5 - 55$

⑩ $52 + 6 \times (24 \div 4 - 2) \times 13$

50쪽 Ⓑ

① 24 ⑤ 43

② 3 ⑥ 6

③ 31 ⑦ 16

④ 55 ⑧ 0

3 Day

51쪽 Ⓐ

① $49-121\div11\times4+12$

② $9\times3-42\div3+15$

③ $96-85\div5+12\times3$

④ $100\div5-14\times9\div21$

⑤ $36\div9+9\times2-8$

⑥ $(108\div9-4)+6\times7$

⑦ $(23+13)\div3\times8-19$

⑧ $12\times(81\div9-5)+27$

⑨ $(17-3)\div7+16\times15$

⑩ $18+6\times(24\div4-2)-10$

52쪽 Ⓑ

① 138
② 19
③ 111
④ 56
⑤ 50
⑥ 7
⑦ 34
⑧ 38

4 Day

53쪽 Ⓐ

① $32+42\div21\times3-18$

② $26+34-90\div18\times2$

③ $128-28\div4+6\times6$

④ $200\div40+16-4\times3$

⑤ $27\div9\times5-14+9$

⑥ $(11+4)\div5\times7-13$

⑦ $64-3\times(6+4)\div15$

⑧ $55\div(7+4)\times8-12$

⑨ $37-36\div(6+4\times3)$

⑩ $144-(108\div18+2)\times5-6$

54쪽 Ⓑ

① 70
② 11
③ 88
④ 20
⑤ 132
⑥ 50
⑦ 165
⑧ 45

5 Day

55쪽 Ⓐ

① $5\times7+7-64\div16$

② $63\div7\times3-15+8$

③ $125\div5-8\times3+9$

④ $100-35\div7+9\times4$

⑤ $16\times23-840\div3\div40$

⑥ $23+(35-17)\div3\times7$

⑦ $(5+2)\times9-21\div7$

⑧ $108\div(30-6\times3)+14$

⑨ $72\div8\times(36-8+4)$

⑩ $40+(81\div9-56\div7)\times2$

56쪽 Ⓑ

① 44
② 41
③ 4
④ 32
⑤ 97
⑥ 79
⑦ 8
⑧ 1

95 단계

(분수)×(자연수), (자연수)×(분수)

95단계에서는 분수와 자연수의 곱셈을 학습합니다. 분수와 자연수의 곱셈에서 곱을 간단하게 나타내기 위해 약분할 수 있습니다. 아이가 약분을 능숙하게 하지 못하면 9권의 82~84단계를 복습하도록 지도해 주세요.

지도가이드

1 Day

59쪽 A

① $\frac{7}{8}$　⑤ $1\frac{2}{3}$　⑨ 12　⑬ $87\frac{1}{2}$

② 1　⑥ $1\frac{1}{2}$　⑩ $40\frac{1}{2}$　⑭ $6\frac{4}{5}$

③ $1\frac{3}{5}$　⑦ $7\frac{4}{5}$　⑪ $8\frac{1}{2}$　⑮ $8\frac{2}{3}$

④ $2\frac{2}{3}$　⑧ $13\frac{1}{2}$　⑫ $19\frac{5}{7}$　⑯ 35

60쪽 B

① $1\frac{3}{4}$　⑤ $\frac{9}{11}$　⑨ $13\frac{1}{2}$　⑬ $46\frac{2}{3}$

② $6\frac{2}{3}$　⑥ $3\frac{1}{5}$　⑩ $8\frac{1}{3}$　⑭ $15\frac{1}{2}$

③ 9　⑦ $5\frac{5}{6}$　⑪ $9\frac{4}{5}$　⑮ $16\frac{2}{3}$

④ $6\frac{1}{4}$　⑧ $1\frac{1}{6}$　⑫ $5\frac{1}{2}$　⑯ $66\frac{3}{4}$

2 Day

61쪽 A

① $2\frac{1}{2}$　⑤ $2\frac{4}{7}$　⑨ 35　⑬ $4\frac{2}{3}$

② 8　⑥ $5\frac{1}{3}$　⑩ $16\frac{1}{2}$　⑭ $31\frac{1}{2}$

③ $\frac{1}{2}$　⑦ $5\frac{1}{5}$　⑪ $4\frac{2}{3}$　⑮ $4\frac{1}{3}$

④ 4　⑧ $9\frac{1}{4}$　⑫ $6\frac{3}{4}$　⑯ $41\frac{1}{4}$

62쪽 B

① $4\frac{1}{2}$　⑤ $8\frac{1}{3}$　⑨ $16\frac{1}{3}$　⑬ $12\frac{1}{2}$

② $1\frac{1}{2}$　⑥ $4\frac{1}{2}$　⑩ 36　⑭ 22

③ 1　⑦ $\frac{2}{3}$　⑪ $58\frac{1}{2}$　⑮ $61\frac{1}{2}$

④ $4\frac{1}{2}$　⑧ $4\frac{4}{5}$　⑫ $7\frac{1}{7}$　⑯ $36\frac{3}{4}$

3 Day

63쪽 A

① 5
⑤ $4\frac{1}{2}$
⑨ 10
⑬ $31\frac{1}{2}$

② 8
⑥ $1\frac{3}{11}$
⑩ $37\frac{1}{2}$
⑭ $6\frac{1}{4}$

③ $24\frac{1}{2}$
⑦ $2\frac{4}{5}$
⑪ $7\frac{1}{5}$
⑮ $157\frac{1}{2}$

④ 6
⑧ $8\frac{1}{8}$
⑫ $6\frac{6}{7}$
⑯ $4\frac{2}{9}$

64쪽 B

① $2\frac{2}{3}$
⑤ $6\frac{1}{4}$
⑨ $4\frac{1}{2}$
⑬ 18

② 27
⑥ $2\frac{3}{4}$
⑩ 40
⑭ $10\frac{2}{3}$

③ $\frac{3}{4}$
⑦ $4\frac{9}{10}$
⑪ $24\frac{1}{2}$
⑮ $28\frac{1}{2}$

④ $13\frac{1}{3}$
⑧ $3\frac{3}{7}$
⑫ 7
⑯ $39\frac{3}{8}$

4 Day

65쪽 A

① $2\frac{1}{4}$
⑤ $6\frac{2}{3}$
⑨ $7\frac{1}{2}$
⑬ 55

② 3
⑥ $13\frac{1}{2}$
⑩ 33
⑭ $20\frac{1}{4}$

③ $7\frac{1}{2}$
⑦ $5\frac{3}{5}$
⑪ $52\frac{1}{2}$
⑮ $46\frac{2}{3}$

④ $12\frac{1}{4}$
⑧ $2\frac{1}{4}$
⑫ 88
⑯ $5\frac{5}{11}$

66쪽 B

① $3\frac{1}{5}$
⑤ $8\frac{2}{5}$
⑨ 32
⑬ $3\frac{2}{3}$

② 10
⑥ $10\frac{4}{5}$
⑩ $5\frac{1}{2}$
⑭ $13\frac{3}{7}$

③ 21
⑦ $2\frac{2}{5}$
⑪ $18\frac{2}{3}$
⑮ $19\frac{4}{9}$

④ $5\frac{1}{3}$
⑧ $3\frac{3}{4}$
⑫ 51
⑯ $133\frac{1}{3}$

5 Day

67쪽 A

① $1\frac{1}{2}$
⑤ $13\frac{1}{2}$
⑨ 75
⑬ $76\frac{1}{2}$

② $2\frac{1}{2}$
⑥ $2\frac{1}{4}$
⑩ 40
⑭ $68\frac{3}{5}$

③ $1\frac{5}{7}$
⑦ $12\frac{4}{5}$
⑪ 98
⑮ $39\frac{2}{3}$

④ $6\frac{2}{3}$
⑧ $2\frac{3}{4}$
⑫ $58\frac{1}{3}$
⑯ $24\frac{3}{4}$

68쪽 B

① $2\frac{1}{3}$
⑤ $1\frac{1}{3}$
⑨ $10\frac{1}{2}$
⑬ $7\frac{1}{2}$

② 4
⑥ $3\frac{3}{7}$
⑩ $17\frac{1}{2}$
⑭ $37\frac{1}{3}$

③ $3\frac{1}{3}$
⑦ $2\frac{1}{5}$
⑪ $4\frac{4}{5}$
⑮ $7\frac{1}{3}$

④ 36
⑧ $\frac{5}{9}$
⑫ $17\frac{1}{3}$
⑯ $22\frac{3}{4}$

96 단계

(분수)×(분수) ❶

분수의 곱셈은 분모를 통분하는 과정이 없으므로 분수의 덧셈과 뺄셈보다 쉽습니다. 아이들이 분자끼리 또는 분모끼리 약분하는 실수를 하거나 약분한 수를 잘못 곱하는 실수를 하는 경우가 있습니다. 계산을 정확하게 할 수 있도록 지도해 주세요.

지도가이드

1 Day

71쪽 Ⓐ

① $\dfrac{6}{35}$ ⑤ $\dfrac{3}{10}$ ⑨ $\dfrac{5}{8}$ ⑬ $\dfrac{2}{3}$

② $\dfrac{1}{54}$ ⑥ $\dfrac{1}{2}$ ⑩ $\dfrac{6}{49}$ ⑭ $\dfrac{5}{24}$

③ $\dfrac{1}{20}$ ⑦ $\dfrac{27}{64}$ ⑪ $\dfrac{5}{33}$ ⑮ $\dfrac{2}{7}$

④ $\dfrac{1}{15}$ ⑧ $\dfrac{1}{2}$ ⑫ $\dfrac{1}{6}$ ⑯ $\dfrac{6}{77}$

72쪽 Ⓑ

① $18\dfrac{1}{3}$ ⑤ $\dfrac{2}{7}$ ⑨ $2\dfrac{1}{4}$ ⑬ $\dfrac{14}{15}$

② 10 ⑥ $\dfrac{2}{3}$ ⑩ 14 ⑭ $1\dfrac{5}{6}$

③ $\dfrac{7}{8}$ ⑦ 1 ⑪ $2\dfrac{4}{7}$ ⑮ $3\dfrac{3}{5}$

④ $2\dfrac{1}{4}$ ⑧ $4\dfrac{2}{3}$ ⑫ $1\dfrac{3}{17}$ ⑯ $2\dfrac{1}{2}$

2 Day

73쪽 Ⓐ

① $\dfrac{1}{4}$ ⑤ $\dfrac{3}{25}$ ⑨ $\dfrac{5}{14}$ ⑬ $\dfrac{1}{24}$

② $\dfrac{1}{50}$ ⑥ $\dfrac{7}{16}$ ⑩ $\dfrac{25}{64}$ ⑭ $\dfrac{1}{4}$

③ $\dfrac{1}{42}$ ⑦ $\dfrac{2}{5}$ ⑪ $\dfrac{8}{63}$ ⑮ $\dfrac{8}{45}$

④ $\dfrac{1}{45}$ ⑧ $\dfrac{1}{6}$ ⑫ $\dfrac{14}{27}$ ⑯ $\dfrac{9}{25}$

74쪽 Ⓑ

① $\dfrac{3}{8}$ ⑤ $\dfrac{5}{8}$ ⑨ $8\dfrac{3}{4}$ ⑬ $\dfrac{18}{25}$

② $1\dfrac{8}{9}$ ⑥ 3 ⑩ $\dfrac{8}{33}$ ⑭ $1\dfrac{3}{8}$

③ $7\dfrac{1}{3}$ ⑦ $4\dfrac{1}{2}$ ⑪ $\dfrac{25}{42}$ ⑮ $6\dfrac{3}{10}$

④ $1\dfrac{24}{25}$ ⑧ $\dfrac{16}{27}$ ⑫ 1 ⑯ $1\dfrac{1}{3}$

3 Day

75쪽 A

① $\dfrac{1}{27}$ ⑤ $\dfrac{4}{31}$ ⑨ $\dfrac{2}{3}$ ⑬ $\dfrac{4}{9}$

② $\dfrac{1}{70}$ ⑥ $\dfrac{9}{16}$ ⑩ $\dfrac{1}{8}$ ⑭ $\dfrac{9}{20}$

③ $\dfrac{1}{60}$ ⑦ $\dfrac{1}{8}$ ⑪ $\dfrac{14}{99}$ ⑮ $\dfrac{81}{200}$

④ $\dfrac{1}{9}$ ⑧ $\dfrac{15}{56}$ ⑫ $\dfrac{1}{28}$ ⑯ $\dfrac{1}{12}$

76쪽 B

① $4\dfrac{1}{12}$ ⑤ $\dfrac{5}{13}$ ⑨ $\dfrac{18}{35}$ ⑬ $4\dfrac{1}{2}$

② 30 ⑥ 4 ⑩ $1\dfrac{1}{48}$ ⑭ 1

③ $6\dfrac{1}{4}$ ⑦ 28 ⑪ 45 ⑮ $6\dfrac{2}{9}$

④ $1\dfrac{1}{2}$ ⑧ $\dfrac{2}{3}$ ⑫ $7\dfrac{17}{40}$ ⑯ $1\dfrac{2}{7}$

4 Day

77쪽 A

① $\dfrac{1}{21}$ ⑤ $\dfrac{1}{30}$ ⑨ $\dfrac{12}{25}$ ⑬ $\dfrac{4}{7}$

② $\dfrac{1}{20}$ ⑥ $\dfrac{9}{32}$ ⑩ $\dfrac{3}{16}$ ⑭ $\dfrac{1}{7}$

③ $\dfrac{1}{22}$ ⑦ $\dfrac{7}{25}$ ⑪ $\dfrac{1}{27}$ ⑮ $\dfrac{5}{12}$

④ $\dfrac{2}{75}$ ⑧ $\dfrac{28}{81}$ ⑫ $\dfrac{15}{32}$ ⑯ $\dfrac{32}{243}$

78쪽 B

① $6\dfrac{6}{7}$ ⑤ $2\dfrac{13}{18}$ ⑨ $1\dfrac{9}{40}$ ⑬ $\dfrac{11}{32}$

② $4\dfrac{4}{7}$ ⑥ $5\dfrac{1}{3}$ ⑩ $3\dfrac{3}{26}$ ⑭ $\dfrac{9}{40}$

③ $4\dfrac{2}{3}$ ⑦ $\dfrac{7}{8}$ ⑪ $2\dfrac{1}{4}$ ⑮ $2\dfrac{3}{4}$

④ 81 ⑧ $14\dfrac{2}{7}$ ⑫ 1 ⑯ $\dfrac{2}{9}$

5 Day

79쪽 A

① $\dfrac{1}{80}$ ⑤ $\dfrac{3}{7}$ ⑨ $\dfrac{5}{6}$ ⑬ $\dfrac{2}{15}$

② $\dfrac{1}{12}$ ⑥ $\dfrac{8}{13}$ ⑩ $\dfrac{2}{5}$ ⑭ $\dfrac{9}{28}$

③ $\dfrac{1}{33}$ ⑦ $\dfrac{6}{35}$ ⑪ $\dfrac{7}{36}$ ⑮ $\dfrac{35}{72}$

④ $\dfrac{1}{42}$ ⑧ $\dfrac{2}{15}$ ⑫ $\dfrac{22}{63}$ ⑯ $\dfrac{2}{5}$

80쪽 B

① $1\dfrac{7}{8}$ ⑤ $2\dfrac{5}{8}$ ⑨ $1\dfrac{3}{4}$ ⑬ $1\dfrac{1}{2}$

② $1\dfrac{5}{7}$ ⑥ $2\dfrac{2}{3}$ ⑩ $2\dfrac{2}{5}$ ⑭ $2\dfrac{2}{5}$

③ $\dfrac{7}{20}$ ⑦ $1\dfrac{7}{12}$ ⑪ 1 ⑮ $1\dfrac{43}{56}$

④ 12 ⑧ $\dfrac{8}{51}$ ⑫ 30 ⑯ $\dfrac{2}{3}$

97 단계

(분수)×(분수) ❷

분수의 곱셈에서 대분수가 있으면 대분수를 가분수로 나타낸 후 약분하면서 계산합니다. 계산 결과가 가분수이면 대분수로 나타냅니다. 대분수를 가분수로, 가분수를 대분수로 나타내는 과정에서 시간이 오래 걸리거나 오답이 발생하면 8권 71단계를 다시 학습하길 바랍니다.

지도가이드

---

1 Day

83쪽 Ⓐ

① $\dfrac{9}{10}$ ⑤ $3\dfrac{3}{4}$ ⑧ 2 ⑫ $4\dfrac{2}{3}$

② $\dfrac{7}{12}$ ⑥ $3\dfrac{1}{2}$ ⑨ 3 ⑬ $1\dfrac{53}{75}$

③ $5\dfrac{1}{4}$ ⑦ $\dfrac{8}{9}$ ⑩ $13\dfrac{1}{3}$ ⑭ $6\dfrac{1}{4}$

④ $\dfrac{2}{3}$ ⑪ $6\dfrac{2}{7}$

84쪽 Ⓑ

① $\dfrac{1}{30}$ ⑤ $41\dfrac{1}{4}$

② $\dfrac{1}{14}$ ⑥ $2\dfrac{2}{3}$

③ $7\dfrac{4}{5}$ ⑦ 30

④ $3\dfrac{1}{2}$ ⑧ $33\dfrac{1}{3}$

---

2 Day

85쪽 Ⓐ

① $\dfrac{15}{16}$ ⑤ $\dfrac{3}{14}$ ⑧ $1\dfrac{3}{4}$ ⑫ $5\dfrac{1}{3}$

② 1 ⑥ $2\dfrac{2}{9}$ ⑨ $2\dfrac{4}{5}$ ⑬ $2\dfrac{1}{3}$

③ $\dfrac{7}{12}$ ⑦ $1\dfrac{1}{2}$ ⑩ $7\dfrac{1}{2}$ ⑭ $9\dfrac{2}{7}$

④ $\dfrac{11}{20}$ ⑪ 5

86쪽 Ⓑ

① $\dfrac{1}{80}$ ⑤ $2\dfrac{2}{9}$

② $\dfrac{27}{104}$ ⑥ $3\dfrac{3}{5}$

③ $9\dfrac{3}{7}$ ⑦ $2\dfrac{6}{7}$

④ 9 ⑧ 5

3 Day

87쪽 A

① $2\frac{1}{2}$　⑤ $\frac{11}{64}$　⑧ $12\frac{1}{2}$　⑫ $7\frac{1}{3}$

② $\frac{2}{9}$　⑥ $\frac{7}{8}$　⑨ 10　⑬ $5\frac{1}{4}$

③ $\frac{2}{3}$　⑦ 1　⑩ $6\frac{1}{9}$　⑭ $3\frac{3}{32}$

④ $\frac{9}{10}$　⑪ 3

88쪽 B

① $\frac{1}{96}$　⑤ $13\frac{1}{3}$

② $\frac{1}{7}$　⑥ $5\frac{5}{11}$

③ $\frac{7}{12}$　⑦ $16\frac{1}{2}$

④ 11　⑧ $15\frac{17}{33}$

4 Day

89쪽 A

① 2　⑤ $\frac{5}{8}$　⑧ 6　⑫ $8\frac{5}{9}$

② $4\frac{3}{8}$　⑥ $2\frac{9}{20}$　⑨ 8　⑬ $3\frac{3}{5}$

③ $\frac{9}{28}$　⑦ $3\frac{2}{21}$　⑩ $16\frac{2}{3}$　⑭ $4\frac{4}{5}$

④ $\frac{25}{27}$　⑪ $1\frac{1}{6}$

90쪽 B

① $\frac{1}{120}$　⑤ $58\frac{1}{3}$

② $\frac{3}{14}$　⑥ $\frac{1}{6}$

③ $2\frac{1}{3}$　⑦ $16\frac{1}{5}$

④ $19\frac{2}{7}$　⑧ $1\frac{1}{2}$

5 Day

91쪽 A

① $2\frac{1}{42}$　⑤ 2　⑧ 15　⑫ $12\frac{1}{4}$

② $\frac{1}{6}$　⑥ $1\frac{3}{5}$　⑨ $3\frac{1}{3}$　⑬ $11\frac{1}{4}$

③ $\frac{13}{16}$　⑦ $1\frac{11}{24}$　⑩ $2\frac{7}{24}$　⑭ $5\frac{2}{5}$

④ $\frac{18}{25}$　⑪ $7\frac{1}{2}$

92쪽 B

① $\frac{1}{240}$　⑤ $9\frac{1}{3}$

② $\frac{3}{7}$　⑥ $57\frac{1}{3}$

③ $1\frac{5}{6}$　⑦ $2\frac{1}{2}$

④ $15\frac{2}{5}$　⑧ 12

98 단계

(소수)x(자연수), (자연수)x(소수)

소수와 자연수의 곱셈은 자연수의 곱셈과 같은 방법으로 계산하므로 분수의 곱셈만큼 새로운 내용은 아닙니다. 하지만 주의해야 할 점은 소수점의 위치입니다. 소수와 자연수의 곱셈을 한 후 소수의 소수점과 같은 위치에 소수점만 찍으면 되므로 어렵지 않습니다.

지도가이드

1 Day

95쪽 A

① 2.1
② 72.8
③ 4980
④ 213.3
⑤ 5
⑥ 4.32
⑦ 24
⑧ 47.8
⑨ 16.2
⑩ 25.2
⑪ 1.56
⑫ 50.16

96쪽 B

① 1.2
② 95.41
③ 18.84
④ 7.2
⑤ 0.56
⑥ 1471.9
⑦ 13.05
⑧ 1.5
⑨ 322.5

2 Day

97쪽 A

① 2.4
② 178.25
③ 16.4
④ 189.44
⑤ 19.2
⑥ 2460.8
⑦ 10.89
⑧ 131.4
⑨ 20
⑩ 403.2
⑪ 6.4
⑫ 281.25

98쪽 B

① 2.8
② 11.2
③ 1638.9
④ 5.68
⑤ 137.4
⑥ 1104
⑦ 7.64
⑧ 4.77
⑨ 116.64

3 Day

99쪽 A

① 4.8
② 333.7
③ 55.5
④ 79.42
⑤ 44.96
⑥ 64.4
⑦ 20.52
⑧ 208.56
⑨ 3.5
⑩ 1.62
⑪ 23.52
⑫ 1325

100쪽 B

① 1.8
② 19.2
③ 2.9
④ 4.15
⑤ 47.2
⑥ 214.2
⑦ 22.63
⑧ 35
⑨ 368.48

4 Day

101쪽 A

① 8.1
② 6
③ 74.2
④ 350.45
⑤ 14.4
⑥ 1.68
⑦ 43
⑧ 14.36
⑨ 44.8
⑩ 20.52
⑪ 47.75
⑫ 1989.4

102쪽 B

① 11.5
② 5.4
③ 125.7
④ 10.66
⑤ 36.2
⑥ 23.52
⑦ 154.8
⑧ 178.06
⑨ 512.5

5 Day

103쪽 A

① 31.08
② 1.14
③ 40.6
④ 172.8
⑤ 57.6
⑥ 24.3
⑦ 39.6
⑧ 1167.4
⑨ 0.25
⑩ 87.6
⑪ 15.12
⑫ 557.52

104쪽 B

① 2.1
② 39.2
③ 417.5
④ 40.5
⑤ 23.12
⑥ 535.5
⑦ 21
⑧ 20
⑨ 757.1

(소수)×(소수)

소수의 곱셈은 자연수의 곱셈과 같은 방법으로 계산합니다. 주의할 점은 곱의 소수점의 위치입니다. 곱의 소수점의 위치가 곱하는 두 소수의 자릿수에 따라 유동적이기 때문에 아이들이 실수할 확률이 높습니다. 곱의 소수점은 곱하는 두 소수의 소수점 아래 자릿수의 합에 맞추어 찍으면 된다는 것을 설명해 주세요.

지도가이드

1 Day

107쪽 Ⓐ

① 0.06
② 0.114
③ 2.5333
④ 29.859
⑤ 0.047
⑥ 0.553
⑦ 3.36
⑧ 613.89
⑨ 0.418
⑩ 2.99
⑪ 0.232
⑫ 27.2853

108쪽 Ⓑ

① 0.0021
② 10.53
③ 96.9
④ 0.48
⑤ 0.135
⑥ 31.5546
⑦ 0.207
⑧ 11.648
⑨ 506.415

2 Day

109쪽 Ⓐ

① 0.72
② 3.2
③ 0.042
④ 5.3235
⑤ 0.2739
⑥ 8.352
⑦ 10.114
⑧ 33.507
⑨ 0.048
⑩ 3.75
⑪ 0.238
⑫ 346.38

110쪽 Ⓑ

① 0.008
② 0.8051
③ 176.748
④ 0.01
⑤ 14.84
⑥ 2.196
⑦ 0.095
⑧ 2.8273
⑨ 6.292

3 Day

111쪽 Ⓐ
① 0.21
② 0.0032
③ 4.878
④ 37.884
⑤ 3.3
⑥ 50.56
⑦ 0.546
⑧ 4.4505
⑨ 0.135
⑩ 3.0444
⑪ 4.08
⑫ 20.436

112쪽 Ⓑ
① 0.025
② 0.0986
③ 122.508
④ 0.051
⑤ 5.415
⑥ 13.104
⑦ 0.18
⑧ 26.88
⑨ 5.8026

4 Day

113쪽 Ⓐ
① 0.16
② 7.15
③ 9.648
④ 398.784
⑤ 2.43
⑥ 6.693
⑦ 0.063
⑧ 13.311
⑨ 0.004
⑩ 2.1762
⑪ 0.015
⑫ 62.4188

114쪽 Ⓑ
① 0.4
② 0.392
③ 135.366
④ 0.0009
⑤ 5.264
⑥ 1.608
⑦ 0.044
⑧ 18.27
⑨ 49.7145

5 Day

115쪽 Ⓐ
① 0.03
② 0.069
③ 98.901
④ 1095.92
⑤ 0.49
⑥ 59.976
⑦ 0.0266
⑧ 17.556
⑨ 1.832
⑩ 19.8
⑪ 10.1
⑫ 24.3867

116쪽 Ⓑ
① 0.27
② 0.056
③ 205.282
④ 0.448
⑤ 71.38
⑥ 7.6112
⑦ 0.002
⑧ 4.672
⑨ 17.64

100 단계

5학년 방정식

혼합 계산식에서 □를 구하려면 '먼저 계산 전략'과 '덩어리 계산 전략'을 이용하여 간단한 덧셈식, 뺄셈식, 곱셈식, 나눗셈식으로 나타내어야 합니다. 여러 계산 과정을 거쳐 □의 값을 구하므로 복잡하고 어려울 수 있습니다. 아이가 포기하지 않고 문제를 해결할 수 있도록 격려해 주세요.

지도가이드

1 Day

119쪽 Ⓐ
① 12 / 12, 8
② 7 / 7, 5
③ 36 / 36, 6
④ 7 / 7, 15
⑤ 5 / 5, 8

120쪽 Ⓑ
① 7
② 4
③ 14
④ 11
⑤ 35
⑥ 24
⑦ 4
⑧ 32
⑨ 8
⑩ 10

2 Day

121쪽 Ⓐ
① 21 / 21, 26
② 18 / 18, 9
③ 7 / 7, 22
④ 8 / 8, 6
⑤ 9 / 9, 54

122쪽 Ⓑ
① 19
② 7
③ 96
④ 8
⑤ 12
⑥ 12
⑦ 18
⑧ 22
⑨ 70
⑩ 6

3 Day

123쪽 Ⓐ
① 3, 9 / 9, 9, 4
② 5, 5 / 5, 5, 2
③ 11, 3 / 3, 3, 7
④ 5, 7 / 7, 7, 4

124쪽 Ⓑ
① 11
② 9
③ 5
④ 2
⑤ 5
⑥ 39
⑦ 3
⑧ 3
⑨ 6
⑩ 7

4 Day

125쪽 Ⓐ
① 3, 18 / 18, 18, 9
② 5, 7 / 7, 7, 6
③ 54, 6 / 6, 6, 12
④ 8, 16 / 16, 16, 4

126쪽 Ⓑ
① 12
② 4
③ 2
④ 4
⑤ 3
⑥ 12
⑦ 2
⑧ 5
⑨ 54
⑩ 3

5 Day

127쪽 Ⓐ
① 4
② 4
③ 5
④ 8
⑤ 54
⑥ 6
⑦ 7
⑧ 8
⑨ 2
⑩ 10

128쪽 Ⓑ
① 예 $82 - 50 - \square = 7$, 25
② 예 $\square \times 4 \div 8 = 6$, 12
③ 예 $5 \times 4 - (\square + 8) = 3$, 9

수고하셨습니다.
다음 단계로 올라갈까요?

길벗스쿨

기적의 계산법

길벗스쿨

기적의 학습서

" 오늘도 한 뼘 자랐습니다. "